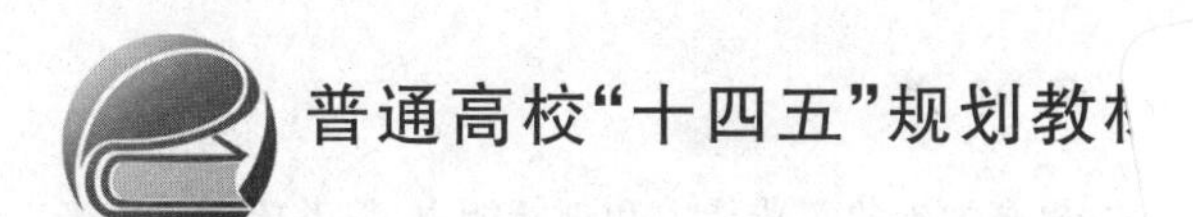

电工技术基础实验指导

主　编　孙建红
副主编　俞　虹　金　瓯

北京航空航天大学出版社

内容简介

为培养21世纪发展需要的工程技术人才，提高学生的实践能力和创新能力，编者依据多年来实验教学研究、改革和实践的经验，精心编写了本教材。

全书共9章，第1章～第3章是电工技术实验必备的知识，包括实验流程介绍、电工仪表概述、数据误差处理等内容，第4章介绍了R、L、C基本元件，第5章～第9章给出了直流电路、交流电路、动态电路、变压器、三相异步电动机等的13个常规电工实验，每个实验均根据实验内容，提出实验要求、实验任务、实验线路指导等，最后在附录中介绍了几种常用现代电工实验设备。

本书可作为高等学校本科非电类专业“电工技术基础”或“电工学”课程的实验教学配套用书。

图书在版编目(CIP)数据

电工技术基础实验指导 / 孙建红主编. -- 北京 :
北京航空航天大学出版社，2021.8
ISBN 978-7-5124-3568-1

Ⅰ. ①电… Ⅱ. ①孙… Ⅲ. ①电工实验 Ⅳ.
①TM-33

中国版本图书馆CIP数据核字(2021)第147733号

电工技术基础实验指导
主　编　孙建红
副主编　俞　虹　金　瓯
策划编辑　董　瑞　　责任编辑　张冀青
*
北京航空航天大学出版社出版发行
北京市海淀区学院路37号(邮编100191)　http://www.buaapress.com.cn
发行部电话:(010)82317024　传真:(010)82328026
读者信箱: goodtextbook@126.com　邮购电话:(010)82316936
涿州市新华印刷有限公司印装　各地书店经销
*
开本:710×1 000　1/16　印张:9.5　字数:202千字
2021年9月第1版　2021年9月第1次印刷　印数:2 000册
ISBN 978-7-5124-3568-1　定价:26.00元

前　言

对理工科专业学生而言，实验是学生整个学习知识过程中非常重要的环节之一。实验教学不仅能帮助学生验证所学的基础理论知识，将理论和实践结合起来，更重要的是，能够培养学生的实验能力和实际操作技能，进一步培养学生提出问题、分析问题和解决实际问题的能力，从而提高学生的专业认知水平，为后续专业课程的学习及之后从事的科研工作奠定坚实的基础。

本教材原理阐述简明扼要，实验指导突出可操作性。全书内容安排大致如下：

1. 第1章～第3章，阐述了实验流程及电工技术实验必备的基础知识，如电工仪表概述、数据误差处理方法等内容。

2. 第4章，根据GB/T 2470—1995介绍了R、L、C元件的命名方法及元件特性等内容。

3. 第5章～第9章，根据“电工技术基础”教学内容的安排，将实验内容分成直流电路、正弦交流电路、动态电路、变压器和三相异步电动机五部分，其中介绍了常见参量的测试方法，并给出了13个传统的实验项目。

4. 引入了Multisim仿真内容，让学生了解仿真实验在电路设计中的应用。

5. 附录部分介绍了实验台的使用方法及常用仪表的使用方法等内容。

参加本教材编写的人员有孙建红、俞虹、金瓯三位老师，由孙建红老师统稿并担任主编。马鑫金高工主审了全书，且提出了许多宝贵意见；同时，本教材的编写也得到了南京理工大学电工电子教学实验中心领导和其他教师的大力支持和帮助，在此一并表示衷心的感谢！

由于编者水平有限，书中难免有疏漏和错误之处，恳请广大读者批评指正！

作　者

2021年6月

学生实验守则

1. 学生进入实验室必须遵守学校和实验室的各项规定,服从教师的指导和安排。

2. 学生做实验前必须认真预习,写出预习报告。

3. 学生进入实验室应衣冠整洁,不得大声喧哗和打闹,禁止吸烟、乱扔纸屑和杂物,保持实验室整洁。

4. 正确使用实验仪器设备,实验结束须将实验仪器设备整理归位。未经允许不得随意动用与本实验无关的设备,不得随意将实验室物品带出实验室。

5. 学生应独立完成实验和实验报告。实验时,应胆大心细、认真观察并做好记录,认真分析数据和写总结,按时、保质、保量地完成实验任务。

6. 学生进入实验室进行开放实验、课外实践等活动,须提前和实验室预约,并在老师的指导下开展各项实验活动。

实验设备使用注意事项

1. 必须在断电情况下完成实验电路的连接，经检查确认无误后方可上电，切勿接错 380 V 和 220 V 的电源。

2. 强电实验与弱电实验使用的导线不同，不可将弱电导线用于强电实验中。

3. 若发现打开设备后无显示，请检查设备电源是否插好或保险丝是否良好。

4. 直流电流源、直流电压源、单相调压器在使用前应调至最小值（逆时针旋转到底），使用完毕后也必须调至最小值。

5. 在使用可调电阻（电位器）时，须先调至最大值，然后调至需要的阻值。

6. 使用电流表时，请注意将电流表串联于电路中。

7. 设计电路时，因受实验台电阻功率的限制，要求直流稳压电源输出电压≤12 V，直流电流源输出电流≤15 mA。

8. 若遇其他问题，请及时联系老师。

目　　录

第 1 章　了解实验流程

初次接触电工实验，在进入实验室之前，应了解实验室，了解实验教学流程，了解如何撰写实验报告，了解实验安全操作情况。

1.1　了解实验室

电工实验室是面向非电类专业的基础实验室，是拥有数十套高性能电工电路实验台的大型实验室。实验台上均配置了交直流电源、交直流测试仪表和实验单元模块，可以进行各种基础性、设计性和综合性电工实验。除了正常的实验教学外，实验室还担负了向学生进行开放实验的任务，是学生创新实践的基地。图 1－1 所示为电工实验室局部内景图，电工实验台各模块的功能及操作详见附录 A。

图 1－1　电工实验室内景

1.2　了解实验教学流程

完整的实验教学流程一般分为实验前预习、实验操作、数据处理与实验总结三个阶段。

1. 实验前预习

实验能否顺利进行或达到预期的实验效果，很大程度上取决于学生预习的认真程度。实验前的预习工作是对实验能力、独立工作能力的综合锻炼。实验前的预习一般分为以下几个步骤：

① 了解实验课题的任务和要求，明确实验原理、实验内容。

② 明确要解决什么问题、观察什么现象、测量哪些数据。

③ 明确采取的方法和正确的操作步骤。

④ 熟悉相关仪器、仪表、设备的工作原理、性能指标、主要特性和正确使用方法，牢记使用中应当注意的问题，预估实验中可能出现的问题，并了解相应的解决办法。

⑤ 确定实验方案，设计实验线路和数据表格，计算待测值的理论数据或利用Multisim软件进行仿真，做到心中有数。

⑥ 撰写预习报告，预习报告是最终实验报告的前半部分，含实验目的、实验原理及方法、实验线路、理论计算结果或仿真结果、测试表格等。

2. 实验操作

实验操作是指学生进入实验室，利用实验器件、实验设备搭建线路并测量。通过实验操作，学生可以发现并提出问题，提高分析问题、解决问题的综合能力。

① 根据预习的内容，找到本次实验所用的实验设备，进一步了解仪器设备的使用方法和注意事项。

② 根据设计方案搭建线路，进行实验；实验时，若遇到问题（非紧急情况），尽量独立思考或小组讨论，耐心排除故障，并实时记录故障原因及解决故障的方法；若无法排除故障，请及时报告指导老师。

③ 记录数据和波形，并全面记录实验条件（包括时间、地点、座位号、仪器名称、仪器型号、仪表量程等），有条件的，可用相机或手机拍摄，保持原始实验数据和实验场景等。

④ 接线或修改线路，一律在断电的情况下进行；实验中若发生异常情况（如闻到异味、听到异响等），应立即断电，并上报指导老师。

⑤ 实验结束，断电，但不拆线路，先将测量数据由指导老师审核签字，审核通过后方可拆除线路，整理器材和实验台，然后离开实验室。

3. 数据处理和实验总结

实验结束后，要及时做好数据处理和实验总结工作。

(1) 数据图表及计算

- 全部数据应一律采用通用国际单位制。
- 要充分发挥曲线和表格的作用。
- 整理数据并形成表格、曲线。
- 可以从曲线中迅速发现规律及一些异常的数据，这样有助于分析问题和解决问题。

(2) 数据的误差处理

首先应对实验数据去粗取精,以此来确定数据的准确程度和取值范围(误差分析),根据所选用实验仪表的准确度,分析实验误差。

(3) 讨论与总结

根据实验要求及数据处理结果,对实验中出现的一些现象和问题进行讨论,反思是否达到本次实验的目的。实验总结应包括对实验结果的理论解释、实验误差的分析、实验方案的评价与改进意见以及实验收获或体会,这一部分应是实验报告的重点,不可疏漏。

1.3　如何撰写实验报告

实验报告是对实验工作的全面总结,一份合格的实验报告是体现工作和研究能力的一个有力佐证。实验报告的撰写必须格式规范、文理通顺、书写工整、图表齐全、讨论深入、结论简明正确。具体内容如下:

1. 实验目的

根据实验要求,列出本实验要达到的目的。

2. 实验原理及方法

简明扼要地介绍实验所涉及的电路原理(包括公式、定理等)和实验方法(含步骤)。

3. 实验注意事项

通过预习,归纳整理出本实验需要注意的事项。

4. 使用设备及编号

记录实验中使用的实验台编号,设备名称、型号、准确度。

5. 实验线路

设计出实验线路并标出每个元件的参数及所测电参数的位置、参考方向,并计算相关参量的理论数据,供实验时参考。

6. 实验数据表格

根据实验要求,设计数据表格。

以上 6 个步骤须在预习环节完成(进入实验室后,将测试数据填入表格,并请指导老师确认,同时完善步骤 3 和 4 的内容);步骤 7 和 8 是离开实验室后完成的。

7. 数据的误差处理

根据要求,进行数据处理和误差分析工作(注:曲线须画在坐标纸上)。

8. 实验总结与体会

按照 1.2 节关于实验总结的内容及要求,写出实验结论,分享实验体会。

1.4　实验接线及一般故障排除

1. 实验接线前的检查工作

实验接线前,需要先做以下工作:

① 给电源通电,观察电源工作是否正常;

② 检查仪表是否齐全,仪表量程是否满足实验要求;

③ 检查元件品种、数量、参数是否满足实验要求;

④ 检查导线通断情况,并核查导线数量是否足够;

⑤ 检查实验涉及的其他辅件是否齐全。

2. 实验接线

① 布线的原则以直观、便于检查为宜。布线时,要充分利用导线的颜色,合理布线。例如,电源正极采用红色导线,电源负极采用黑色导线,导线的长度越短越好。

② 布线的方法是先串后并。一般先选定一个回路连接好,然后将其他支路逐一并联上去。

切记:电压表应并在电路中,电流表应串在电路中。

3. 一般故障原因分析

因经验不足实验过程中会出现这样、那样的问题,这很正常。事实上,实验中遇到问题,然后解决问题,再完成实验,要比自始至终一帆风顺地完成实验更有意义、更有收获。

电工实验中可能出现的故障很多,以下列举了一些常见的一般故障:

① 电路连接点接触不良,导线内部断线;

② 元器件、导线裸露部分误碰造成短路;

③ 电路连接错误;

④ 测试方法错误;

⑤ 元器件参数不合适;

⑥ 仪表或元器件损坏。

4. 一般故障排除

排除故障可提高学生实际解决问题的能力,须具备一定的理论基础和实验技能,是实验基本功和能力的体现。排除一般故障的步骤如下:

① 出现故障应立即切断电源,避免故障扩大。

② 根据故障现象,判断故障性质。故障一般可分两大类:一类为破坏性故障,可使仪器、设备、元器件等造成损坏,其现象常常是出现烟、味、声、热等;另一类为非破坏性故障,其现象是无电流、无电压,或电流、电压的数值不正常,波形不正常。

③ 根据故障的性质,确定故障的检查方法。对破坏性故障,不能采用通电检查的方法,应先切断电源,然后用欧姆表检查电路,有无短路、断路或阻值不正常等现

象。对非破坏性故障,可采用断电检查,也可采用通电检查,或采用两者相结合的方法。通电检查主要是用电压表检查电路有关部分的电压是否正常。

④ 故障检查。进行故障检查时,首先应了解电路各部分在正常情况下的电压、电流、电阻的值,然后再用仪表进行检查,逐步缩小故障区域,直到找出故障所在的部位。

1.5　实验中的安全用电

1. 电对人体的伤害

电对人体的伤害有电击和电灼伤两种。电击是指电流通过人体,影响呼吸、心脏和神经系统,可对人体内部组织造成破坏,甚至导致死亡;电灼伤是指电流或电弧对人体外部造成的局部性伤害,如烧伤等,严重的也会导致死亡。触电事故伤害程度与通过人体的电流大小、持续时间、路径、电流频率及人体健康状况等因素有关。

(1) 小电流对人体的影响

即使安全电流,如果长时间通过人体仍然是有危险的。一般而言,电流通过人体的时间越长,人体电阻越低,后果就越严重。此外,心脏收缩及舒张过程中约有0.1 s的时间间隙,如果电流恰好在这一时间间隙通过心脏,即使电流很小也会引起心脏颤震。因此,电流持续时间长,必然会与心脏最敏感的时间间隙重合,危险很大。

(2) 电流路径对人体的影响

触电情况有多种,最危险的路径是从左手到前胸,此时心脏、肺部和脊髓都处于电路内,电流可能引起心脏房室颤动或停跳,也可能通过脊髓造成肢体瘫痪;其次是手到手的路径;再次之则是脚到脚的路径。虽然脚到脚的路径危险性小,但易引起痉挛摔倒造成坠落摔伤,或电流通过全身,产生二次事故。

(3) 电流频率及电击伤害对人体健康状况的影响

通常,工频交流电对于电器设备而言是比较理想的,但对人体而言却是最危险的。偏离这个频率范围,则电击伤害的严重性将显著减小。当然高频高压造成的电击伤害的危险性还是很大的。人体的健康状况及生理素质对电击伤害也有很大影响,例如患有心脏病、肺结核或神经系统疾病的人,在受到与正常人同等程度的电击伤害时,所受的伤害远比正常人严重得多,甚至危及生命。据统计,电流频率在50~100 Hz时约有45%的死亡率,频率在125 Hz时死亡率降至20%,而频率高于200 Hz时触电的危险性进一步减小。

2. 实验室安全用电

用电不当,除了会对人体造成伤害外,还会损坏实验设备,甚至造成严重灾害。在设计实验和操作设备时必须考虑安全防护和安全用电。

(1) 实验室安全防护

① 安装自动断电保护装置。自动断电保护装置是一种新型安全用电装置,有漏

电保护、过流保护、过压保护、短路保护等功能。当发生触电或线路、设备故障时，自动断电保护装置能在规定时间内自动切断电源，保护人身安全和设备安全。

② 设立防护屏障。对于高压设备，应悬挂警告牌，安装信号装置，采用屏护遮挡，采取设备的保护接零、保护接地等接地方法。

③ 保证安全距离。设备的布置和安装要考虑操作的安全距离，在任何情况下均须保证人体与带电体之间、人体与设备之间的安全距离。

④ 加强安全教育。严格执行操作规程和工艺规范。在实验室内必须严格遵守实验室守则，养成良好的科学操作习惯，这是预防和避免触电事故的重要措施之一。

(2) 实验室安全操作

目前，尽管实验室每个实验台都有接地保护，实验台上的装置、仪表及导线等也采取了层层保护措施，不让金属体裸露在外，但安全隐患仍旧存在，例如，带电接线、拆线、改接线路，使用绝缘破损的导线或设备，暴力操作，等等。为此，在市电供电时，电工实验操作必须遵循以下规定：

① 线路通电前，必须反复检查线路，确认无误后再合闸，同组同学须互相监督；

② 在连接或检查线路时，应尽量避免带电操作，特殊情况要带电作业时，应注意绝缘防护；

③ 使用任何电器设备时必须严格遵守设备使用条件和使用方法，切不可过载运行，随意操作；

④ 实验结束后，须关闭所有与实验有关的电源后，方可离开。

实验操作时，一定要有高度的安全意识，时刻保持清醒的头脑，熟知电路工作情况，了解实验过程中哪些部件带电，哪些部件不带电，切勿鲁莽行事。从低压实验开始，养成良好的操作习惯，在保证安全的情况下，高质量地完成每个实验。

第2章 电工仪表概述

2.1 指针式电工仪表

指针式电工仪表主要由测量机构和测量线路组成，配上读数装置就可以由指针的偏转指示来取得被测量的量值。指针式电工仪表的测量机构是一个接受电量后产生偏转运动的机构。它能将被测电量转换成仪表可动部分的偏转角，并在转换过程中保持接受的电量和产生的偏转角成函数关系。指针式电工仪表测量线路的作用，是将被测量（如电流、电压、相位、功率等）转换为测量机构可以直接接受的过渡量（如电流），并保持一定的变换比例。指针式电工仪表的读数装置由指示器和标尺（又称刻度盘）组成。指示器的指针由铝或玻璃纤维制成，质量极小；标尺是一块标有刻度的表盘，标尺可以是线性的（刻度均匀），也可以是非线性的（刻度不均匀）。为减小视差，0.5级以上的精密仪表通常在标尺下安装一个反射镜（又称为镜子标尺），当看到指针和指针在镜子中的影像重合时才进行读数。

指针式电工仪表的表盘除了读数装置外，还可在表盘下方将仪表的各种技术参数以符号的形式表示出来，以便使用者对仪表的性能有一定的了解。指针式电工仪表表盘上常用的符号及其意义详见附录B。

1. 磁电系仪表

磁电系仪表测量机构由固定的磁路系统和可动部分组成，其结构如图2-1所示。仪表的固定部分是永久磁铁组成的磁路系统，用它可得到较强的磁场。在永久磁铁的两极固定着极掌，两极掌之间是圆柱形铁芯。圆柱形铁芯固定在仪表的支架上，用来减小两极掌间的磁阻，并在极掌和铁芯之间的空气隙中形成均匀辐射的磁场，即圆柱形铁芯的表面磁感应强度处处相等，且方向和圆柱表面垂直。圆柱形铁芯与极掌间留有一定的空隙，以便可动线圈在空隙中运动。

仪表的可动部分是薄铝片做成的一个矩形框架，上面有用很细的漆包线绕成的多匝线圈。转轴分成前、后两个半轴，每个半轴的一端固定在动圈铝框上，另一端通过轴尖支承于轴承中，在前半轴上装有平衡指针，当可动部分偏转时，用来指示被测量的大小。在指针上还装有平衡装置，用来调整仪表的转动部分，保证仪表指针指到任何刻度位置时，转动部分的重心和转轴轴心均重合，以防止产生附加误差，保证仪表的准确度。

磁电系仪表测量机构的特点：

① 刻度均匀。磁电系仪表测量机构指针的偏转角与被测电流成正比，因此仪表

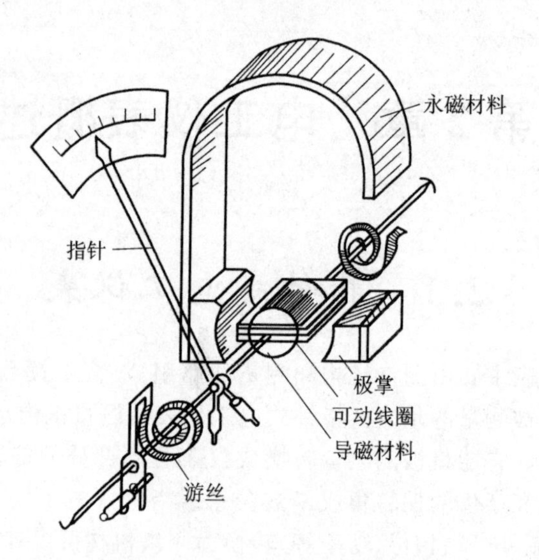

图 2－1　磁电系仪表测量机构

刻度均匀会有助于准确读数。

② 准确度、灵敏度高。磁电系仪表测量机构的磁场由永久磁铁提供，其工作空隙小，空隙中磁感应强度很大，即使通入的电流较小，也能产生较大的转矩。仪表中由于摩擦和外磁场影响所引起的误差相对较小，因而准确度高。

③ 功率消耗小。由于测量机构内部通过的电流很小，所以仪表消耗的功率也很小。

④ 过载能力小。因为被测电流是通过游丝导入和导出的，且动圈的导线很细，所以过载时很容易使游丝的弹性发生变化，烧毁可动线圈。

⑤ 只能测量直流电量。因为内部永久磁铁产生的磁场方向恒定，所以只有通入直流电流才能产生稳定的偏转。如果线圈中通入的是交流电，则电流方向不断改变，转动力矩也在交变，可动的机械部分来不及反应，指针只能在零位附近摆动而得不到正确读数。

磁电系仪表测量机构的应用：

① 磁电系直流电流表。由于磁电系直流电流表测量机构的灵敏度高，所以用它可以制成小到测量若干微安的微安表和毫安表，配上合适的分流电阻（测量电路），它也可以制成大到测量几十安的安培表。

② 磁电系直流电压表。磁电系仪表测量机构串联适当的附加电阻就可将被测电压转换成与之成比例的小电流，这个电流通过测量机构的活动线圈就能指示被测的电压。由于磁电系仪表测量机构有比较高的灵敏度，所以用它组装成的电压表也有比较高的内阻。

③ 磁电系直流微安表或指零仪表。磁电系仪表测量机构构成的直流微安表及指零仪表常用于电位差计和电桥。为了提高灵敏度，检流计中悬挂张丝或悬丝以代

替转轴，并应用光点反射以扩大标尺长度。磁电系检流计的灵敏度可达 3×10^{-3} μA 以上。

④ 作为其他常用仪表的测量机构。磁电系仪表测量机构可作为其他常用仪表的测量机构，如欧姆表、兆欧表、热偶系仪表，尤其在万用表、整流系仪表等中被广泛采用。

2. 电磁系仪表

电磁系仪表测量机构根据结构形式的不同，分为吸引型和排斥型两种。目前电磁系仪表测量机构中吸引型产品较多，以此作介绍。

吸引型测量机构的结构如图 2-2 所示。它主要由固定线圈和可动铁片（偏心地装在转轴上）组成，转轴上还装有指针、阻尼片和游丝等。游丝的作用与磁电系测量机构不同，它只产生转矩而不通过电流。阻尼一般采用空气阻尼器。

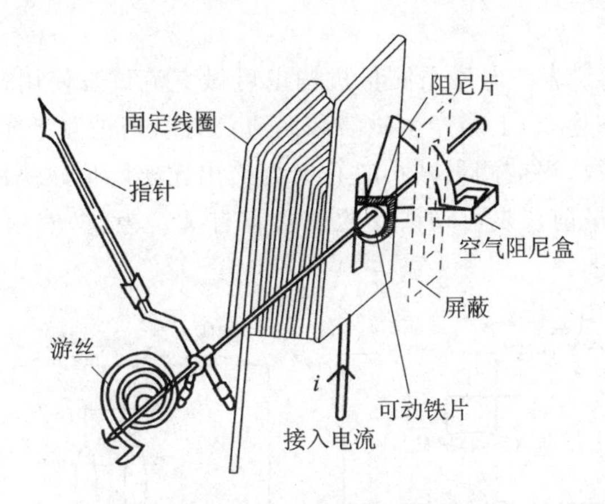

图 2-2　吸引型测量机构的结构

当线圈通电后，线圈产生的磁场将可动铁片磁化，从而对铁片产生吸引力。随着铁片被吸引，固定在同一转轴上的指针也随之偏转，同时游丝产生反作用力矩，故而称为吸引型测量机构。若流过线圈的电流方向改变，则线圈产生磁场的极性及可动铁片被磁化的极性也随之改变，两者之间仍保持吸引。

电磁系仪表测量机构的特点：

① 过载力强。电磁系仪表的测量机构可动部分不通电流，只有测量线圈通过电流，故一般用较粗的导线绕制，可直接测量较大电流，其结构简单、牢固且过载力强，而且造价低廉。

② 交、直流两用。理论上吸引型测量机构可交、直流两用。电磁系仪表与磁电系仪表相比，前者消耗的功率较大，灵敏度也较低。

③ 标尺刻度不均匀。电磁系仪表指针偏转角与被测电流成平方律关系。尽管在测量机构上做了改进，但标尺刻度仍不是均匀的。因此在仪表标尺的始末端常各标有一黑点，表明黑点以外的误差大，尽量避免使用。

④ 受外磁场影响大。测量机构的力矩是靠被测电流流过固定线圈产生的磁场得到的，一般较弱，若不采取磁屏蔽措施，仅地球磁场的影响就可造成1%的误差。由此可见，对电磁系测量机构进行屏蔽是必要的。

电磁系仪表测量机构的应用：

① 电磁系交流电流表。电磁系仪表测量机构可直接测量交流电量的有效值，但因测量机构中线圈的阻抗随被测电流的频率而变，所以不能用分流电阻来扩大量程。一般扩大量程的方法是将测量机构的线圈绕组分段，利用串联和并联的改接来改变量程，如图2-3所示。由于读数受频率与波形的影响较大，一般只能用于频率在800 Hz以下的电路。

② 电磁系交流电压表。电磁系交流电压表是由固定线圈和附加分压电阻串联组成的。扩大量程的方法是将测量机构的线圈绕组分段，进行串联和并联后，再与附加分压电阻串联。

③ 电磁系直流仪表。电磁系测量机构也可做直流仪表使用，且无极性之分。但由于可动铁片(铁磁物质)上会产生磁滞和涡流，因此，当被测量缓慢增加时它会给出比实际值较低的读数，当被测量减小时它又会给出比实际值较高的指示值，并且每次测量值都和该次测量前仪表可动铁片的磁状态有关。因此，使用电磁系测量机构测量直流不是最好的选择。

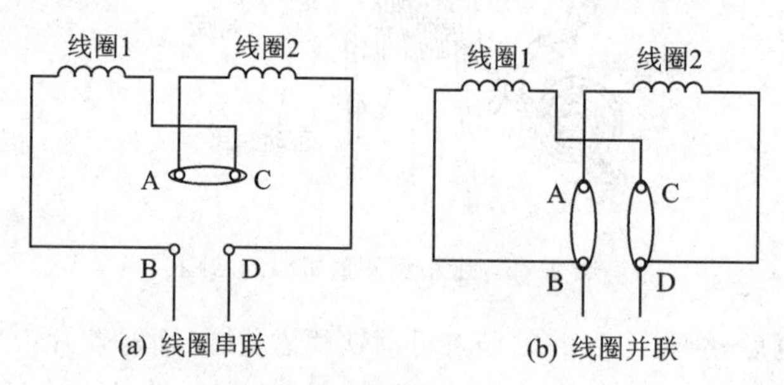

图2-3 电磁系交流电流表扩大量程法

3. 电动系仪表

电动系仪表测量机构是利用两个通电线圈之间的电动力来产生转矩的，其结构如图2-4所示。它有一对平行排列的固定线圈(称为定圈或电流线圈)，内部有一个可动线圈(称为动圈或电压线圈)。动圈可以在定圈内自由转动，它与转轴固接在一起，转轴上装有指针和空气阻尼器的阻尼片。游丝用来产生反作用力矩和导流。

当电动系仪表测量机构的定圈和动圈分别通入电流时，定圈产生磁场，动圈受到定圈的磁场对它的作用力而产生偏转，偏转角 α 与通过两线圈电流的相位差角的余弦成正比。

电动系仪表测量机构的特点：

① 准确度高。电动系仪表测量机构内部没有铁磁物质，不产生磁滞误差，因此

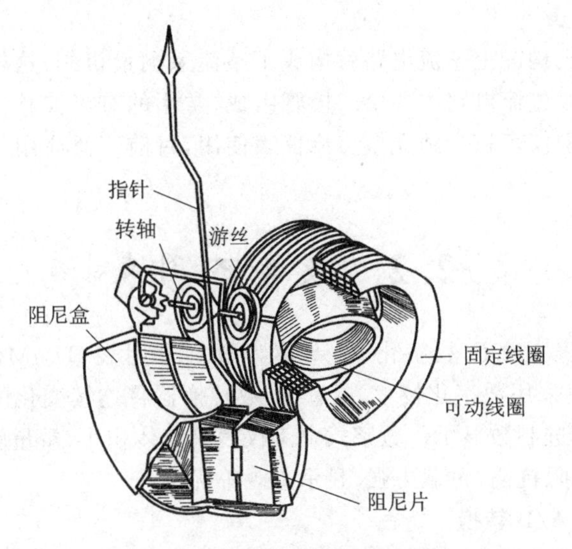

图 2-4　电动系测量机构的结构

它的准确度可以达到 0.1～0.05 级，可做交流精密测量之用。

② 测量范围广。电动系仪表测量机构不仅可做交、直流两用，而且可以测量非正弦电流的有效值；采用频率补偿后，交流工作频率为 15～2 500 Hz。

③ 标尺刻度均匀。电动系仪表测量机构制成的功率表，标尺刻度均匀。

④ 读数易受外磁场影响。因为电动系仪表测量机构的固定线圈内部是空气，磁阻大，故工作磁场很弱。为了消除外磁场的影响，线圈系统要采用磁屏蔽方式。

⑤ 过载能力弱。电动系仪表测量机构进入可动线圈的电流要经过游丝，如果电流过大，游丝将变质或烧断。

⑥ 功耗大。电动系仪表测量机构本身产生的磁场小，为了产生足够转矩所需的磁势，必须要有一定量的电流，所以仪表消耗的功率很大，从而使灵敏度也相应降低。

电动系仪表的应用：

① 交流电流表。将电动系仪表测量机构的动圈和定圈串联，再在动圈中用低电阻分流就构成了交流电流表。由于电流表指针偏转角与电流成平方律关系，故表盘刻度是非线性的。

② 交流电压表。将电动系仪表测量机构的定圈、动圈和高阻值附加电阻串联就构成了交流电压表。但刻度特性与交流电流表一样，仍是非线性的。由于电动系测量机构作为交流电流表与交流电压表的刻度特性是非线性的，所以起始部分刻度很密而不易读准确。因此与磁电系仪表一样，在电动系仪表标尺的起始端常标有一黑点，表明黑点以外的部分不宜使用。

③ 功率表。用电动系仪表测量机构来测量电路的功率是电动系仪表的一个主要用途，有关功率表的使用方法可参见 6.3 节。

4. 整流系仪表

磁电系测量机构配上整流电路就构成了整流系测量机构，这样就可以方便地测量交流参数。一般整流电路主要由二极管组成，常用的有半波整流电路和全波整流电路两种。整流系仪表较少独立做交流仪表使用，目前广泛应用于指针式万用表的交流电压测量。

2.2 数字万用表

现在的万用表大多已数字化，并专称为数字万用表(DMM，Digital Multimeter)。数字万用表采用数字化技术，通过模/数转换器将连续变化的电量转换成离散的数字量，再以十进制数显示。数字式电工仪表具有体积小、重量轻、分辨力高、准确度高、电压表输入阻抗高、过载力强、显示直观等优点。

1. 双积分式 A/D 转换

A/D 转换器又称为 A/D 转换电路，其功能是将模拟量转化为数字量，常用的转换方式有逐次逼近式、双积分式、Σ-Δ 调制式和脉冲调宽式等。

双积分式 A/D 转换器在数字式电工仪表中得到了广泛应用。其优点是准确度较高、电路简单、抗干扰能力强；缺点是转换过程中带来的误差比较大。双积分式 A/D 转换器能有效地抑制工频 50 Hz 干扰，并且对串入信号高频干扰(如噪声干扰)有良好的滤波作用，而取样速度低的缺点对电工低频测量的影响可以忽略，因此它是一种低速、高可靠性的 A/D 转换器。

双积分式 A/D 转换器原理如图 2-5 所示。它由积分器、过零比较器和控制门电路组成。

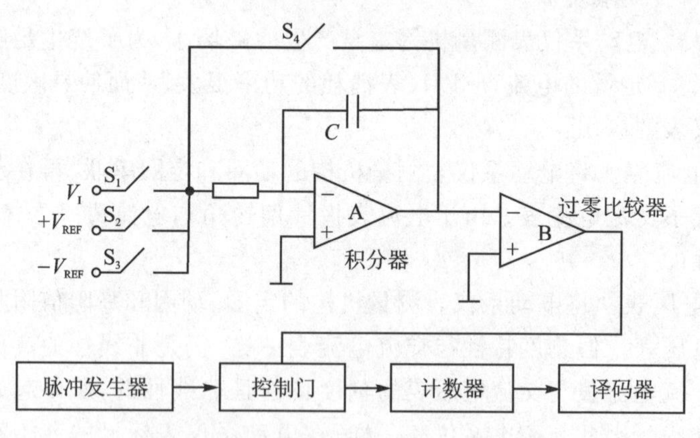

图 2-5 双积分式 A/D 转换器原理图

双积分式 A/D 转换器的工作原理是将输入电压量转换成与其平均值成正比的时间间隔，然后用脉冲发生器和计数器测量该时间间隔，从而反映出输入电压的数值，如图 2-6 所示。

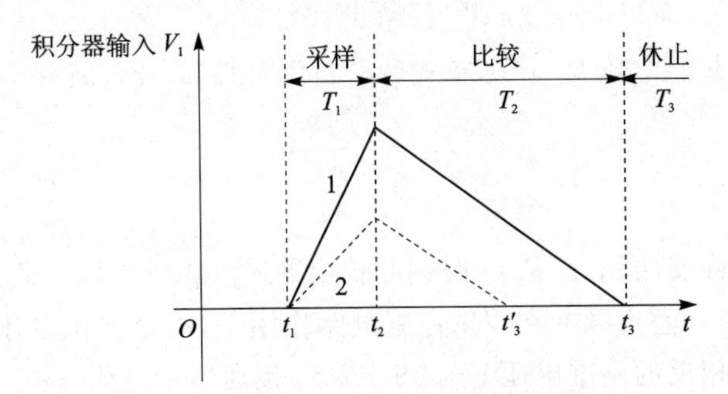

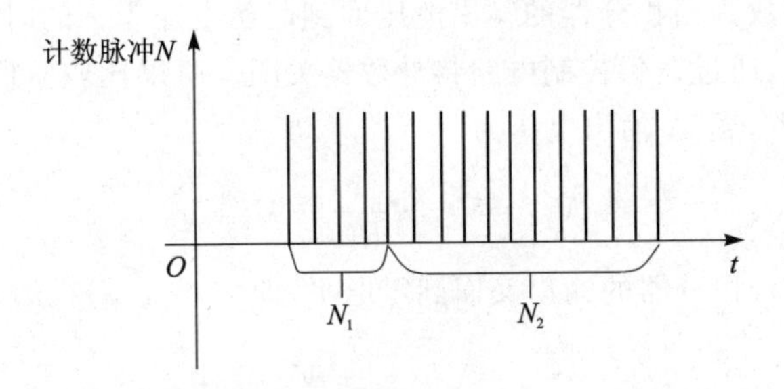

图 2-6　双积分式 A/D 转换器的三个工作阶段

双积分式 A/D 转换器先后对输入信号电压 V_I 和基准电压 V_{REF} 进行两次积分，当积分器电压变为零时，得到一个正比于待测电压 V_I 的时间 T_2，再对 T_2 进行计数。由于计数值仅与被测电压成正比，因此可以实现模拟量到数字量的转换。

双积分式 A/D 转换器的一个工作周期要经历三个工作阶段：采样阶段、比较阶段和休止阶段。各阶段中用模拟开关按逻辑控制电路发出的时钟脉冲来接通和截止，如图 2-6 所示。

(1) 采样阶段

采样阶段也称正向积分，以时钟脉冲 t_1 为起点，计数器复位时，S_1 接通，然后积分器对输入电压 V_I 开始积分，同时，时钟脉冲送入计数器计数。设计数器容量为 N_m，时钟脉冲周期为 T_{cp}，则从计数起始时刻 t_1 起，到计数器满 N_m 的时刻 t_2 止，这段时间间隔为

$$T_1 = t_2 - t_1 = N_m \cdot T_{cp} \tag{2-1}$$

由于 N_m 和 T_{cp} 均为常数，故 T_1 也为常数。因此采样阶段中，积分器对输入电压 V_I 的积分时间是固定不变的，即始终为 T_1。若积分器的起始电压为 V_{01}，则在采样阶段结束时，积分器输出电压 V_{02} 为

$$V_{02} = -\frac{1}{RC}\int_0^{T_1} V_I \mathrm{d}t + V_{01} \tag{2-2}$$

令 $\bar{V}_I$ 为输入电压 V_I 在 T_1 时间间隔的平均值，即

$$\bar{V}_I = \frac{1}{T_I}\int_0^{T_1} V_I \mathrm{d}t \tag{2-3}$$

设积分器的起始电压 $V_{01}=0$，将式(2-3)代入式(2-2)，就有

$$V_{02} = -\frac{T_1}{RC}\bar{V}_I \tag{2-4}$$

(2) 比较阶段

比较阶段又称反向积分，从 t_2 时刻起转换器进入比较阶段。此时计数器已溢出（计数器全部为零），溢出脉冲在逻辑控制电路作用下，根据输出电压极性，将积分器接入与输入极性相反的基准电压 V_{REF}（S_2 或 S_3 接通），于是积分器开始反向积分，计数器重新开始计数。当积分器的输出电压回到起始电压 V_{01} 的时刻 t_3 时，比较器 B 的输出电位突变，通过逻辑控制电路将计数器关闭。所以比较阶段的时间 $T_2=t_3-t_2$，到 t_3 时刻，积分器 A 输出电压为

$$V_{03} = V_{02} - \frac{1}{RC}\int_0^{T_2} V_{REF}\mathrm{d}t$$

经过时间 T_2，积分器的输出又回到零电平，即

$$V_{03} = V_{02} - \frac{T_2}{RC}V_{REF} = 0 \tag{2-5}$$

将式(2-4)代入式(2-5)，可得

$$T_2 = -\frac{T_1}{V_{REF}}\bar{V}_I \tag{2-6}$$

由式(2-6)可知，比较阶段的时间间隔 T_2 与输入电压 V_1 在 T_1 时间间隔的平均值 $\bar{V}_1$ 成正比，与操作积分器的积分时间常数 RC 无关，与积分器的起始电压 V_{01} 无关，与基准电压 V_{REF} 成反比。计数器在 T_1 时间的计数值为 N_1，在 T_2 时间的计数值为 N_2，则可得出

$$\begin{aligned} N_2 &= -\frac{N_1}{V_{REF}}\cdot\bar{V}_I \\ \bar{V}_I &= -\frac{N_2}{N_1}V_{REF} \end{aligned} \tag{2-7}$$

由式(2-7)可知，因为计数器在 T_1 时间计数值 N_1 和基准电压 V_{REF} 是固定不变的，所以计数值 N_2 仅与被测电压的平均值 $\bar{V}_1$ 成正比，从而实现了模拟量到数字量的转换。式(2-7)中的负号表明 T_2 时间积分器输入反向积分。

(3) 休止阶段

从 t_3 时刻起，到下一个起始脉冲来到之前的时间间隔为休止阶段。此阶段 S_4 接通，积分器输出自动回到起始值（自动调零），即

$$V_{01} = 0$$

从以上对双积分式 A/D 转换器工作过程的分析可见，这种转换器的数字输出量

与积分器时间常数($\tau = RC$)无关,从而消除了因积分电路产生斜坡电压的有关误差源,对积分元件的准确度要求也不高。由于输入信号 V_1 的积分时间常数固定不变,T_2 仅正比于 V_1 在 T_2 时间的平均值 $\bar{V}_1$,这样叠加在 V_1 上的串模干扰有很强的抑制能力。假设串模干扰信号周期为 T',n 为正整数,可以证明,若使 $T_1 = nT'$,则双积分 A/D 转换器串模干扰抑制能力在理论上为无穷大。

为了有效地抑制工频 50 Hz 干扰,一般选择 T_1 为 50 Hz,即周期为 20 ms 的整倍数,如 20 ms、40 ms、80 ms 等。

2. 数字万用表的主要技术指标

(1) 测量范围

表示数字万用表所能测量的最小值至最大值的范围。

(2) 显示位数

数字万用表的显示位数由整数和分数两部分组成,通常为 $3\frac{1}{2}$位、$3\frac{2}{3}$位、$3\frac{3}{4}$位、$4\frac{1}{2}$位、$4\frac{3}{4}$位、$5\frac{1}{2}$位、$6\frac{1}{2}$位、$7\frac{1}{2}$位、$8\frac{1}{2}$位,共 9 种。其中,整数位能显示 0~9 中的所有数字,分数位是以最高位能显示的数字为分母,以最高位能显示有效数字的个数为分子。例如仪表满量程时计数值为 1 999 ,这表明,该仪表有 3 个整数位;最高位能显示 0 和 1,故分数位分母是 2;但最高位有效数字只有 1(0 通常不显示),故分数位的分子是 1,因此称之为 $3\frac{1}{2}$ 位,读作“三位半”。$3\frac{2}{3}$ 位(读作“三又三分之二位”)数字万用表的最高位只能显示 0~2 的数字,故最大显示值为 2 999。

例如,在用数字万用表测量电网电压时,普通 $3\frac{1}{2}$位数字万用表的最高位只能是 0 或 1,若要测量 220 V 或 380 V 电网电压,只能用三位显示,且该挡的分辨力仅为 1 V。相比之下,用 $3\frac{3}{4}$位的数字万用表来测量电网电压,最高位可以显示 0~3 ,这样可以四位显示,分辨力为 0.1 V。这与 $4\frac{1}{2}$ 位的数字万用表分辨力相同。

普及型数字万用表一般属于 $3\frac{1}{2}$ 位显示的手持式万用表,$4\frac{1}{2}$位、$5\frac{1}{2}$位(6 位以下)数字万用表可分为手持式、台式两种。$6\frac{1}{2}$ 位以上大多属于台式数字万用表。

(3) 超量程能力

超量程能力是指数字万用表在某个量程上所能测量的最大值超出量程值的能力,它是数字万用表的一项重要指标。其计算公式如下:

$$超量程能力=\frac{能测量出的最大电压-量程值}{量程值}\times 100\%$$

(4) 准确度(精度)

数字万用表的准确度是测量结果中系统误差与随机误差的综合。它表示测量值与真值的一致程度,也反映测量误差的大小。一般来讲,准确度越高,测量误差就越小,反之亦然。数字万用表的准确度远优于模拟指针万用表。准确度是万用表的一个很重要的指标,反映了万用表的质量和工艺能力。准确度差的万用表很难表达出真实的值,容易引起测量上的误判。

(5) 分辨力(分辨率)

数字万用表在最低电压量程上末位 1 个字所对应的电压值,称为分辨力。它反映了仪表灵敏度的高低。数字仪表的分辨力随显示位数的增加而提高。不同位数的数字万用表所能达到的最高分辨力指标不同。需要指出的是,分辨力与准确度属于两个不同的概念。前者表征仪表的"灵敏性",即对微小电压的"识别"能力;后者反映测量的"准确性",即测量结果与真值的一致程度。二者无必然的联系,因此不能混为一谈。从测量角度看,分辨力是"虚"指标(与测量误差无关),准确度才是"实"指标(它决定测量误差的大小)。因此,任意增加显示位数来提高仪表分辨力的方案是不可取的。

(6) 测量速率

数字万用表每秒钟测量被测电量的次数称为测量速率(单位:次/秒)。它主要取决于 A/D 转换器的转换速率。有的手持式数字万用表用测量周期来表示测量的快慢。完成一次测量过程所需要的时间称为测量周期。测量速率与准确度指标存在着矛盾,通常是准确度越高,测量速率越低,二者难以兼顾。若要解决这一矛盾,可在同一块万用表中设置不同的显示位数(或设置测量速度转换开关):增设快速测量挡,该挡用于测量速率较快的 A/D 转换器;降低显示位数以大幅提高测量速率,此法应用得比较普遍,可满足不同用户对测量速率的需要。

(7) 输入阻抗

测量电压时,仪表应具有很高的输入阻抗,这样在测量过程中从被测电路中吸取的电流极少,就不会影响被测电路或信号源的工作状态,从而能够减小测量误差。测量电流时,仪表应该具有很低的输入阻抗,这样接入被测电路后,可尽量减小仪表对被测电路的影响;但是在使用万用表电流挡时,由于输入阻抗较小,万用表较容易被烧坏,故使用时应注意。

第3章　测量误差和误差分析

3.1　测量的概念

3.1.1　什么是测量

测量是按照某种规律，用数据来描述观察到的现象，即对事物作出量化的描述。测量是对非量化实物的量化过程，测量包含四个要素：测量对象、计量单位、测量方法、测量的准确度。测量技术是一门综合性技术，其理论和技术涉及面很广，测试仪器品种繁多。被测量的量值一般由数值和单位两部分组成。

3.1.2　测量的方式

测量方式有很多种，常见的有直接测量、间接测量、组合测量和比较测量等。

直接测量：无需对被测量与其他实测量进行一定函数关系的辅助计算而直接得到被测量值的测量。

间接测量：通过直接测量与被测参数有已知函数关系的其他量而得到该被测参数量值的测量。

组合测量：如果被测量有多个，虽然被测量(未知量)与某种中间量存在一定函数关系，但由于函数式有多个未知量，对中间量的一次测量不可能求得被测量的值。这时可以通过改变测量条件来获得某些可测量的不同组合，然后测出这些组合的数值，解联立方程求出未知的被测量。

比较测量：指被测量与已知的同类度量器在比较器上进行比较，从而求得被测量的一种方法。这种方法用于高准确度的测量。

3.2　测量误差

真值(理论值)是物理量真实客观的量值，测量值是用测量方式得到的待测量数值，测量值与真值之差为测量误差。

最理想的测量就是能够测得真值。但测量时，由于受测量仪器的精度、测量方法、测量环境、测量人员个体差异等多方面因素的影响，使得测量值和真值之间存在差异，即产生误差。测量的任务就是设法使测量误差减到最小，求出在测量条件下被测量的最近真值。如果测量的误差超过一定限度，那么测量结果就没有意义了。

3.2.1 误差的表示方式

1. 绝对误差

绝对误差定义为测量值(仪表的指示值)与被测量真值(理论值)之差值。表达式如下:

$$\Delta X = X - X_0 \tag{3-1}$$

式中,ΔX 表示绝对误差;X 表示测量值;X_0 表示真值。

绝对误差有正、负之分,正值表示测量值大于实际值,负值则相反。在指针式仪表标尺刻度的分度线各处,绝对误差不一定相同,在全标尺某一分度线上可能出现最大绝对误差值 ΔX_m,通常用 ΔX_m 来决定仪表的准确度级别。在测量同一被测量时,可用 $|\Delta X|$ 来表示不同仪表的准确性,$|\Delta X|$ 越小,仪表准确度越高。

2. 相对误差

相对误差定义为绝对误差 ΔX 与被测量真值 X_0 的百分比,通常用 γ 来表示,即

$$\gamma = \frac{\Delta X}{X_0} \times 100\% \tag{3-2}$$

当 ΔX 已知,但 X_0 较难测得时,可用 X 代替 X_0,则相对误差可近似写为

$$\gamma = \frac{\Delta X}{X} \times 100\% \tag{3-3}$$

由于绝对误差 ΔX 有正、负之分,故相对误差 γ 同样有符号,但无单位。

对于两个大小不同的被测量,用相对误差能更客观地反映测量的准确程度。但相对误差不能全面反映仪表本身的准确度,因为每块仪表在刻度的分度线各处的相对误差也是不相同的。

3. 最大相对误差

最大相对误差也称为引用误差,定义为绝对误差 ΔX 与仪表量限 X_n(标尺满偏值或最大读数)的百分比,一般用 γ_m 来表示,即

$$\gamma_m = \frac{\Delta X}{X_n} \times 100\% \tag{3-4}$$

由此可见,当 γ_m 已知时,便可以根据仪表量限 X_n 将量限的绝对误差 ΔX 求解出来。

3.2.2 仪表准确度

1. 指针式仪表准确度

指针式仪表准确度 K 定义为仪表的最大绝对误差 ΔX_m 与其量限 X_n 的百分比,即

$$K = \frac{\Delta X_m}{X_n} \times 100\% \tag{3-5}$$

由此可见，指针式仪表准确度实际上是仪表的最大引用误差。最大引用误差越小，准确度就越高。同样，由于最大绝对误差 ΔX_m 有符号，代表仪表准确度的仪表基本误差也有正、负之分。

根据国家标准，将指针式仪表的准确度分为7个等级，它们表示的基本误差见表3-1。

表3-1　指针式仪表的准确度等级

准确度等级	0.1	0.2	0.5	1.0	1.5	2.5	5.0
基本误差/%	±0.1	±0.2	±0.5	±1.0	±1.5	±2.5	±5.0

2. 数字式仪表误差表示方法

目前，电工仪表中数字式仪表的误差表示方法有两种。

(1) 表示方法一

$$\Delta X=\pm(a\%\mathrm{rdg}+b\%\mathrm{f.s}) \tag{3-6}$$

式中，$a\%$rdg 项表示由转换器、分压器等带来的综合误差，其中 rdg 表示读数值；$b\%$f.s 项表示由数字的量化带来的误差，其中 f.s 表示满度值。

例如 SK-6221 型数字万用表，在直流为 2 V 量限时的准确度为±(0.8%rdg+0.2%f.s)。当读数值为 1.000 V 时，可知测量误差为±(0.8%×1.000 V+0.2%×2 V)=±0.012 V。

(2) 表示方法二

$$\Delta X=\pm(a\%\mathrm{rdg}+n\text{ 个字}) \tag{3-7}$$

式中，$a\%$rdg 项表示由转换器、分压器等带来的综合误差；"n 个字"是指由数字的量化引起的误差反映在末位数字(也就是它的分辨力)上的变化量。若将 n 个字的误差折合成满量程的百分数，则与式(3-6)相同。

3.3 测量误差的分类

电工测量中测量误差涉及测量的正确性，认识到客观存在的误差，可以给测量后的误差分析、研究减少测量误差的方法带来便利。测量误差的分类方法较多，一般有从误差的来源分类和从误差的性质来分类两种方法。以下介绍从误差的来源分类的方法。

3.3.1 系统误差

系统误差又称为规则误差，这种误差在测量过程中保持恒定或按一定规律变化。它包括工具误差、使用误差、环境误差及方法误差等，其中最主要的是工具误差和方法误差。电工测量中的工具误差主要是由于测量工具本身的不完善造成的，仪表准确度是工具误差的主要考虑对象，而且它是可知的；方法误差是测量方法设计不周造成的，因而是可以减少的。

3.3.2 随机误差

随机误差又称为偶然误差，是由一些偶发性因素引起的误差，其误差的数值和符号均不确定。但这种误差符合统计规律（正态分布规律）。所谓偶发性因素是指外界各种因素（如温度、压力、电磁场、电源、电压、频率等）突然变化或波动，如接触电阻、热电动势的变化，测量者的生理因素变化，等等。大量的试验证明，随机误差作为个体是无规律的，但作为整体则是有规律的。

当测量次数足够多时，它具有以下特点：

① 误差有正有负，有时也有零值；

② 出现小误差次数比大误差次数多，尤其是出现特大误差的可能性极小；

③ 正误差和负误差绝对值相同的可能性相等；

④ 当以相等的准确度测量同一量时，测量次数越多，误差值的代数和越接近于零。

3.3.3 疏失误差

疏失误差也称为粗大误差，是由于测量者对仪表性能不了解、使用不当或测量时粗心大意造成的误差，如操作时仪表没有调零、数据读错或记错数据等。

上述三种误差与测量结果有着密切关系。系统误差着重说明了测量结果的准确度；偶然误差是在良好的测量条件下，多次重复测量时，存在的各次测量数据间的微小差别，这种误差通常影响数据（如多位数）中的最后一两位，要有良好的读数装置才能够分辨，故这种误差说明了测量结果的准确度；疏失误差是由于测量人员的过失造成，是可以克服的。

3.4 直接测量中工具误差的分析

使用仪表一次性完成对某一量值的测量称为直接测量。在由仪表引起的系统误差中，仪表基本误差是由仪表准确度给定的，但实际测量的误差也与测量者存在一定关系。

3.4.1 指针表直接测量的误差分析

在直接测量中，仪表产生的最大绝对误差就是可能的最大测量误差，也就是仪表的最大基本误差。由准确度的定义可知，最大绝对误差为

$$\Delta X_m = \pm K\% X_n \tag{3-8}$$

而相对误差则为

$$\gamma = \pm \frac{\Delta X_m}{X} = \pm K\% \frac{X_n}{X} \tag{3-9}$$

由此可见，用同一块仪表，在同一量限内测量不同量值时，其最大绝对误差是相同的，而最大相对误差则随被测电量量值的减小而增大。

例如，用一块准确度为 0.5 级、量限为 0～10 A 的电流表分别测量 10 A 和 2 A 的电流。

① 测量 10 A 时，相对误差为

$$\gamma_1 = \pm \frac{K}{100} \cdot \frac{X_n}{X} = \pm \frac{0.5}{100} \cdot \frac{10}{10} = \pm 0.5\%$$

② 测量 2 A 时，相对误差为

$$\gamma_2 = \pm \frac{K}{100} \cdot \frac{X_n}{X} = \pm \frac{0.5}{100} \cdot \frac{10}{2} = \pm 2.5\%$$

由上例可见，当仪表的准确度给定时，所选仪表的量限越接近被测量的量值，测量误差越小。也就是说，测量时指针偏转角越大，误差越小。

一般来说，要使被测量值指示在接近或大于仪表量限的三分之二处。此时，相对误差为

$$\gamma = K \cdot \frac{X_n}{\frac{2}{3} X_n} = 1.5K \tag{3-10}$$

即测量的最大误差不会超过仪表准确度数值的 1.5 倍。

3.4.2　数字表直接测量的误差分析

根据式(3-6)或式(3-7)可知，数字表直接测量的误差分为两部分：与读数相关的误差和与其分辨力相关的误差。

例如 DT-830 型数字万用表，在直流电压量程为 2 V 和 20 V 时的准确度为 ±(0.5%rdg+2 个字)。

① 当用 2 V 量程测量电压时，该数值为 1.000 V，可知测量误差为 ±(0.5%×1.000 V+0.001 V×2)=±0.007 V。

② 当用 20 V 量程测量电压时，读数值为 1.00 V，可知测量误差为 ±(0.5%×1.000 V+0.01 V×2)=±0.025 V。

由此可见，数字表直接测量也要选择能显示最多有效数字的量程，方可使测量误差尽可能减小。

3.5　间接测量中仪表引起的误差分析

使用仪表对几个具有函数关系的被测量同时进行直接测量，然后根据该函数关

系计算出被测结果的方法称为间接测量法。间接测量最终的相对误差是把几个直接测量所得量的误差通过函数关系的运算传递到最终结果，推导得出间接测量时系统误差的线性传递公式。

假设间接测量结果 Y 和直接测量值的函数关系为

$$Y=f(X_1,X_2,X_3,\cdots,X_i,\cdots,X_n)$$

则间接测量最终的绝对误差限可表示为

$$\Delta Y=\left|\frac{\partial f}{\partial X_1}\Delta X_1\right|_{\text{限值}}+\left|\frac{\partial f}{\partial X_2}\Delta X_2\right|_{\text{限值}}+\cdots+\left|\frac{\partial f}{\partial X_i}\Delta X_i\right|_{\text{限值}}+\cdots+\left|\frac{\partial f}{\partial X_n}\Delta X_n\right|_{\text{限值}}$$
$$=\sum_{i=1}^{n}\left|\frac{\partial f}{\partial X_i}\Delta X_i\right|_{\text{限值}}$$

则间接测量最终的相对误差限可表示为

$$\gamma_Y=\frac{\Delta Y}{Y}=\frac{1}{f}\sum_{i=1}^{n}\left|\frac{\partial f}{\partial X_i}\Delta X_i\right|=\sum_{i=1}^{n}\left|\frac{\partial \ln f}{\partial X_i}\Delta X_i\right| \tag{3-11}$$

式中，$\ln f$ 是函数 $Y=f(X_1,X_2,\cdots,X_i,\cdots,X_n)$ 的自然对数；ΔX_i 是直接测量中各项自变量 X_i 的绝对误差限值。

3.5.1　间接测量中加减法运算的误差

设 $Y=X_1\pm X_2$，且分别设 X_1、X_2 的绝对误差限为 ΔX_1 和 ΔX_2，则加减法运算的绝对误差限为

$$\Delta Y=\frac{\partial f}{\partial X_1}\Delta X_1+\frac{\partial f}{\partial X_2}\Delta X_2=\Delta X_1+\Delta X_2 \tag{3-12}$$

由式(3-12)可知，间接测量中加减法运算的总绝对误差限等于参加运算的各项绝对误差限之和。

加法相对误差限为

$$\gamma_Y=\frac{\Delta Y}{Y}=\frac{\Delta X_1}{X_1+X_2}+\frac{\Delta X_2}{X_1+X_2}=\frac{X_1}{X_1+X_2}\frac{\Delta X_1}{X_1}+\frac{X_2}{X_1+X_2}\frac{\Delta X_2}{X_2}$$

减法相对误差限为

$$\gamma_Y=\frac{\Delta Y}{Y}=\frac{\Delta X_1}{X_1-X_2}+\frac{\Delta X_2}{X_1-X_2}=\frac{X_1}{X_1-X_2}\frac{\Delta X_1}{X_1}+\frac{X_2}{X_1-X_2}\frac{\Delta X_2}{X_2}$$

3.5.2　间接测量中乘除法运算的误差

间接测量中，设 $Y=X_1X_2$ 和 $Y=X_1/X_2$ 的绝对误差限分别为 ΔX_1、ΔX_2，相对误差限分别为 γ_{X_1} 和 γ_{X_2}，则乘法运算的总绝对误差限为

$$\Delta Y=\frac{\partial f}{\partial X_1}\Delta X_1+\frac{\partial f}{\partial X_2}\Delta X_2=X_2\Delta X_1+X_1\Delta X_2$$

除法运算的总绝对误差限为

$$\Delta Y=\frac{\partial f}{\partial X_1}\Delta X_1+\frac{\partial f}{\partial X_2}\Delta X_2=\frac{1}{X_2}\Delta X_1+\frac{X_1}{X_2^2}\Delta X_2=\left(\frac{\Delta X_1}{X_1}+\frac{\Delta X_2}{X_2}\right)\frac{X_1}{X_2}$$

乘除法运算的总相对误差限为

$$\gamma_Y=\frac{\Delta Y}{Y}=\frac{1}{X_1X_2}(X_2\cdot\Delta X_1+X_1\cdot\Delta X_2)=\gamma_{X_1}+\gamma_{X_2} \tag{3-13}$$

由式(3－13)可知，乘除法运算的总相对误差限等于参加运算的各项相对误差限之和。

例如，使用“伏/安”法间接测量电阻。电流表为 1.0 级，量程为 1 A，测得 $I=0.83$ A；电压表为 1.0 级，量程为 10 V，测得 $U=8.64$ V。则测量电流的相对误差为

$$\gamma_I=\pm\frac{1}{0.83}\times1\%=\pm1.205\%$$

测量电压的相对误差为

$$\gamma_U=\pm\frac{10}{8.64}\times1\%=\pm1.16\%$$

总相对误差限为

$$\gamma_Y=\gamma_I+\gamma_U=\pm(1.205\%+1.16\%)=\pm2.365\%$$

计算电阻为

$$R=U/I=8.64\ \text{V}\div0.83\ \text{A}=10.41\ \Omega$$

则测量电阻的最大绝对误差为

$$\Delta R_{\text{m}}=\pm R\gamma_Y=\pm0.24\ \Omega$$

3.6　有效数字的表示方法和运算规则

3.6.1　关于有效数字的一些规定

数字“0”可以是有效数字，也可以不是有效数字。

① 第一个非零数字之后的“0”是有效数字。例如，30.10 V 是四位有效数字，2.0 mV 是两位有效数字。

② 第一个非零数字之前的“0”不是有效数字。例如，0.123 A 是三位有效数字，0.012 3 A 也是三位有效数字。

③ 如果某数值最后几位都是“0”，应根据有效位数写成不同的形式。例如 14 000，若取两位有效数字，应写成 1.4×10^4 或 14×10^3；若取三位有效数字，则应写成 1.40×10^4、140×10^2 或 14.0×10^3。也就是说，科学表示法可写为

$$有效位数\times10^n,\quad n=0,\pm1,\pm2,\pm3$$

④ 换算单位时，有效数字不能改变。例如，90.2 mV 与 90.2 V 所用单位不同，但都是三位有效数字。12.12 mA 可换算成 1.212×10^{-4} A，但不能写成 $1.212\,0\times10^{-4}$ A。

3.6.2　科学的数字舍入规则

经典的四舍五入法是有缺陷的，如果只取 n 位有效数字，那么从 $n+1$ 位起右边的数字都应处理掉，第 $n+1$ 位数字可能是 0～9 这十个数字，它们出现的概率相同，按四舍五入规则，舍掉第 $n+1$ 位的零不会引起舍入误差。第 $n+1$ 位为 1 和 9 的舍入误差分别是 -1 和 $+1$，如果足够多次地进行舍入，舍入误差有可能抵消；同样，第 $n+1$ 位为 2 与 8、3 与 7、4 与 6 的舍入误差在舍入次数足够多时也有可能抵消。当第 $n+1$ 位为 5 时，若仍按上法，只入不舍就不恰当了。因此在测量中目前广泛采用如下科学的舍入规则：

1. "四舍六入"

若舍去数字中，其最左边的第一个数字小于 5，则舍去；若其最左边的第一个数字大于 5，则进 1。

2. "五看"

若舍去数字中，其最左边的第一个数字等于 5，则将舍去后的末位凑成偶数。也就是说，当舍去后的末位为偶数(0,2,4,6,8)时，"5 舍"，末位不变；当舍去后的末位为奇数(1,3,5,7,9)时，"5 入"，末位加 1。例如：在取四位有效数字时，1.104 50 的结果为 1.104；6.711 51 的结果为 6.712。

3.6.3　计算中各有效数字的运算规则

1. 加减法运算规则

① 先对加减法中各项进行修约，使各数修约到比小数点后位数最少的那个数多一位小数。

② 进行加减法运算。

③ 对运算结果进行修约，使小数点后的位数与原各项中小数点最少的那个数的位数相同。

例如：13.65＋0.008 23＋1.633＝13.65＋0.008＋1.633＝15.291＝15.29。以其中小数点后位数最少的为准，其余各数均保留比它多一位。所得的最后结果与小数点后位数最少的那个数位数相同。

2. 乘除法运算规则

① 先对乘除法中各项进行修约，使各数修约到比有效数字位数最少的那个数多一位有效数字。

② 进行乘除法运算。

③ 对运算结果进行修约，使其有效数字位数与有效数字位数最少的那个数的位数相同。

例如：0.012 1×25.64×1.057 82＝0.012 1×25.64×1.058＝0.328 2＝0.328。以各数中有效数字位数最少的为准，其余各数或乘积(或商)均比它多一位，而与小数点位置无关。

3. 对数运算规则

所取对数位数应与真数位数相等。

4. 平均值运算规则

若由四个数值以上取其平均值，则平均值的有效位数可增加一位。

3.7 测量数据处理

测量中会遇到大量数据的读取、记录和运算。如果有效数字位数取得过多，不但增加了数据处理的工作量，而且会被误认为测量准确度很高而造成错误的结论。反之，有效数字位数过少，将丢失测量应有的准确度，影响测量的准确度。

1. 指针式仪表数据的读取

指针式仪表在测量中，指针不一定正好指在仪表的刻度线上，因此读取数据时要根据仪表刻度的最小分度，凭借目测和经验来估计这一位数字。这个估计的数字虽然欠准确，但仍属于有意义的。如果超过一位欠准数字，再做任何估计都是无意义的。

例如，有100分度、满量程为10 V的电压表，现读出4.22 V，则前面两位"4.2"是可靠的，最后一位"2"是靠刻度分配估计出来的，因此末位2具有不可靠性，称为欠准数字，但还是有意义的，有可能要保留，因此仍作为一位有效数字。如果读数再多一位，读成4.224 V，则毫无意义了。

另一方面，在读取数据时要考虑测量仪表本身的准确度。有时尽管能读取较多的位数，但还要根据准确度估算决定取的位数，以保证与最大绝对误差的位数相一致。

例如仍为上述100分度仪表，测量4 V左右电压。当电压表量程为10 V、准确度为5级时，由于最大绝对误差为±0.5 V，故读到4.2 V就够了；当准确度为0.5级时，由于最大绝对误差为±0.05 V，故读到4.2 V就不够了，应读到4.22 V。

使用100分度仪表，测量40 V左右电压。当电压表量程为100 V、准确度为5级时，由于最大绝对误差为±5 V，故读到42 V就够了。

由此可见，指针式仪表在测量中究竟要保留几位有效数字或读到小数点后几位，是要根据仪表的分度、准确度和量程来决定的。

2. 数字式仪表数据的读取

数字式仪表由于准确度和分辨力较高，读数方便，一般取全部读数。

3. 实验数据处理

(1) 列　表

用表格来表示函数的方法，在工程技术上经常被使用。将一系列测量的实验数据列成表格，然后再进行处理，有助于精确分析实验结果。表格一般有两种，一种是实验数据记录表,另一种是实验结果表。实验数据记录表记录的是实验的原始数据,要求:①列项全面、数据充足,以便于观察、分析和作图;②列项要清楚准确地标明被测量的名称、数值、单位,以及前提条件、状态、环境条件、测量仪表与仪器等;③能够事先计算的数据,应先计算出理论值,以便测量过程中进行对比参考;④记录数据时应注意有效数字的选取。实验结果表是只反映实验结果最后结论的表,一般只有有限几个变量之间的对应关系,实验结果表应力求简明扼要。

(2) 检查数据

根据仪表的准确度计算每次测量的绝对误差 ΔX_m,将测量同一个数据时的算术平均值设为测量值 X,计算理论值设为 X_0。对每一个测量的数据进行对比,查验是否满足:

$$\Delta X_m = X - X_0 \tag{3-14}$$

对误差偏大者应分析原因,若一组数据中有个别数据明显不满足式(3-14),可以考虑剔除。

在对测量的数据进行计算时,也经常会遇到诸如 π、e、$\sqrt{2}$ 这样的无理数,在计算时也只能取近似值,因此得到的数据通常只是一个近似数。如果用这个近似数表示一个量,为了表示得确切,规定误差不得超过末位单位数字的一半。例如,若末位数字是个位,则包含的误差绝对值应不大于 0.5;若末位数字是十位,则包含的误差绝对值应不大于 5。

(3) 绘制曲线

绘制曲线不仅在工程技术上被广泛应用,而且在社会科学、日常生活诸如商业贸易报表、运输报表等中也经常被采用。但是绘制曲线图只能局限于函数变化关系而无法实现更精确的数学分析。

根据不同需要,绘制曲线图有直角坐标、单对数、双对数等方法,使用最多的是直角坐标法。直角坐标法将横坐标作为自变量,纵坐标作为对应的函数。将各实验数据描绘成曲线时,应尽可能使曲线通过数据点,一般不能逐点连接,不能是折线,应以数据点的变化趋势将尽可能多的数据点连接成曲线。曲线以外的数据点应尽量接近曲线,两侧的数据点数目大致相等,最后连成的曲线应该是一条平滑的曲线。

第 4 章　R、L、C 元件

R、L、C 元件一般指电路中的无源元件，分别为电阻器（简称电阻）、电感器（简称电感）、电容器（简称电容）。电阻、电感、电容元件都有线性和非线性之分，若不加说明，则默认为线性元件。R、L、C 元件均有一定的技术参数和技术指标（大部分都按国标标定），了解和掌握它们有助于电路分析和设计。

4.1　电阻器

电阻器在日常生活中一般直接称为电阻，是一个限流元件。阻值不能改变的电阻器称为固定电阻器，阻值可变的称为电位器或可变电阻器。理想的电阻器是线性的，即通过电阻器的瞬时电流与外加瞬时电压成正比。用于分压的可变电阻器在裸露的电阻体上，紧压着一至两个可移金属触点。触点位置确定电阻体任一端与触点间的阻值。

电阻元件是二端器件，用字母 R 来表示，单位为 Ω。实际器件如灯泡、电热丝、电阻器等。电阻元件的电阻值大小一般与温度、材料、长度及横截面有关。电阻的主要物理特征是将电能转化为热能，因此它是一个耗能元件。电阻在电路中通常起分压、分流的作用，在电子设备中应用最为广泛，约占电子元件总数的三分之一。

1. 电阻器的命名方法

根据 GB/T 2470—1995，固定电阻器的型号命名方法见图 4－1 和表 4－1。

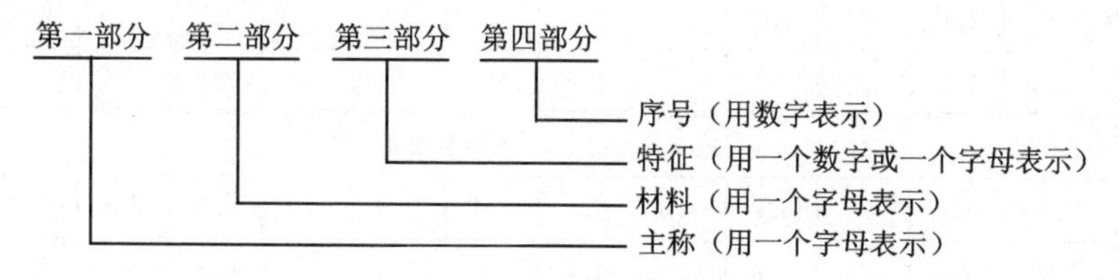

图 4－1　电阻器的型号命名法

例如：电阻器

RJ71－0.25－5.1KI

含义：R 表示电阻器；J 表示金属膜；7 表示精密型；1 表示序号；0.25 表示额定功率 0.25 W；5.1K 表示标称阻值 5.1 kΩ；I 表示允许误差 I 级（±5%）。

表 4-1　电阻器的型号命名法

第一部分		第二部分		第三部分		第四部分
主称		材料		特征		序号
字母	含义	字母	含义	数字或字母	含义	
R	电阻器	H	合成膜	1	普通	后缀包括：温度特征、额定功率、标称值、误差等信息
		I	玻璃釉膜	2	普通	
		J	金属膜(箔)	3	超高频	
		N	无机实心	4	高阻	
		S	有机实心	5	高温	
		T	碳膜	6		
		X	线绕	7	精密	
		Y	氧化膜	8	高压	
				9	特殊	
				G	功率型	

2. 电阻器的标称值

电阻的标称值是以 20 ℃为工作温度来标定的。为了便于工业大量生产和使用者在一定范围内选用，国家规定了一系列的标称值。不同系列有不同的误差等级和标称值，误差越小，电阻的标称值越多，见表 4-2。

表 4-2　电阻标称值

系　列	误差/%	电阻标称值											
E24	±5	1.0	1.1	1.2	1.3	1.5	1.6	1.8	2.0	2.2	2.4	2.7	3.0
E12	±10	1.0		1.2		1.5		1.8		2.2		2.7	
E6	±20	1.0				1.5				2.2			
系　列	误差/%	电阻标称值											
E24	±5	3.3	3.6	3.9	4.3	4.7	5.1	5.6	6.2	6.8	7.5	8.2	9.1
E12	±10	3.3		3.9		4.7		5.6		6.8		8.2	
E6	±20	3.3				4.7				6.8			

将表 4-2 中标称值乘以 10，100，1 000，…就可以扩大阻值范围。例如，表中的“2.2”包括 2.2 Ω，220 Ω，2.2 kΩ，22 kΩ，220 kΩ，2.2 MΩ 等这一阻值系列。在设计电路时要尽量选择标称值系列。

3. 电阻器的标示法

普通电阻器常见的表示方法有：色环标示法、三位数字标示法、一个字母加一位数字标示法。

(1) 色环标示法

色环标示法是目前采用最广泛的电阻标示法，普通电阻上用四个不同颜色的色环来表示电阻的标称值，精密电阻上用五个不同颜色的色环来表示电阻的标称值。以紧靠电阻一端的色环为第一位，如图4-2所示。

颜色：黄紫红金(从左至右)

阻值：$47\times10^2\,\Omega$=4.7 kΩ(±5%)

颜色：黄紫黑橙红　(从左至右)

阻值：$470\times10^3\,\Omega$=470 kΩ(±2%)

图4-2　色环标示电阻

色环标示法以其每种颜色代表不同的数字的组合来表示电阻的标称值、乘数和误差，见表4-3。

表4-3　色环标示法规则

色	黑	棕	红	橙	黄	绿	蓝	紫	灰	白	金	银	无色
值	0	1	2	3	4	5	6	7	8	9	—	—	—
乘数	10^0	10^1	10^2	10^3	10^4	10^5	10^6	10^7	10^8	10^9	10^{-1}	10^{-2}	—
误差/%	—	±1	±2	—	—	±0.5	±0.2	±0.1	—	—	±5	±10	±20

以四色电阻为例，如果电阻上的四种颜色分别为黄、紫、红、银，则电阻标称值为4 700 Ω，误差为±10%；如果四种颜色分别为蓝、灰、黑、金，则电阻标称值为68 Ω，误差为±5%。

(2) 三位数字标示法

三位数字标示法中第1、2位数字为有效数字，第3位数字表示在有效数字的后面所加“0”的个数，单位：Ω。如果阻值小于10 Ω，则以“R”表示“小数点”。电阻三位数字标示法举例见表4-4。

表4-4　电阻的三位数字标示法举例

数字代号	R47	4R7	470	471	472	473	474
标称阻值	0.47 Ω	4.7 Ω	47 Ω	470 Ω	4.7 kΩ	47 kΩ	470 kΩ

(3) 一个字母加一位数字标示法

一个字母加一位数字标示法是指在电阻体上标示一个字母和一个数字，其中字母表示电阻值的前两位有效数字(见表4-5)，字母后面的数字表示在有效数字后面所加的“0”的个数，单位：Ω。一个字母加一位数字标示法举例见表4-6。

表 4－5　一个字母加一个数字标示法中字母含义

字　母	A	B	C	D	E	F	G	H	J	K	L	M
电阻值 前两位有效数字	1.0	1.1	1.2	1.3	1.5	1.6	1.8	2.0	2.2	2.4	2.7	3.0
字　母	N	O	Q	R	S	T	U	V	W	X	Y	Z
电阻值 前两位有效数字	3.3	3.6	3.9	4.3	4.7	5.1	5.6	6.2	6.8	7.5	8.2	9.1

表 4－6　一个字母加一个数字标示法举例

代　码	A0	A1	B2	H3	K4	Y5
阻　值	1 Ω	10 Ω	110Ω	2 000 Ω	24 kΩ	820 kΩ

4. 贴片电阻的表示法

图 4－3 所示为一种典型贴片电阻编码图。

图 4－3　一种典型贴片电阻编码图

图 4－3 中各部分所表示的含义如下：

① 表示原材料类。

② 表示电阻。

③ 表示规格。E 表示贴片型；P 表示插件型。

④ 表示材质。T 表示厚膜晶片，TFC；N 表示负热敏电阻，NTC；P 表示正热敏电阻，PTC；O 表示金属氧化膜，MOF；C 表示碳素膜，CFR；M 表示金属膜，MFR；W 表示线绕，WWR；F 表示厚膜排列型，TFN；R 表示水泥型，CWR；U 表示保险丝，FUS。

⑤ 表示尺寸。引脚类别：0402 表示 1.0 mm×0.5 mm，0603 表示 1.6 mm×0.8 mm，0805 表示 2.0 mm×1.25 mm，1206 表示 3.2 mm×1.6 mm，1210 表示 3.2 mm×2.5 mm，1812 表示 4.45 mm×3.18 mm，2010 表示 5.0 mm×2.5 mm，2512 表示 6.3 mm×3.2 mm；0000 表示有脚电阻，脚位横向引出；0001 表示有脚电阻，脚位竖向引出；D000 表示圆形有脚，脚位横向引出；L000 表示长形有脚，脚位横向引出；D001 表示圆形有脚，脚位竖向引出；L001 表示长形有脚，脚位竖向引出；

⑥ 表示功率。A 表示 1/16 W，B 表示 1/10 W，C 表示 1/8 W，D 表示 1/4 W，E 表示 1/2 W，F 表示 1 W，G 表示 2 W，H 表示 5 W，I 表示 7 W，J 表示 10 W，K 表示 15 W，L 表示 20 W，M 表示 25 W，N 表示 30 W，O 表示 40 W，P 表示 50 W，Q 表示

100 W，U 表示 150 W，Y 表示无功率。

⑦ 表示误差。F 表示±1%，G 表示±2%，J 表示±5%，K 表示±10%，C 表示±0.25%，D 表示±0.5%，L 表示±15%，M 表示±20%，Y 表示无误差。

⑧ 表示包装。B 表示 BULK 散装（塑胶袋装），C 表示 BULK CASE 盒装，P 表示纸带卷装，E 表示 Embossed tape 卷装。

⑨ 表示阻值。贴片电阻有圆柱形和矩形两种，其中圆柱形贴片电阻的阻值标示方法和传统电阻的色环标示法基本相同，在此不再赘述；矩形贴片电阻阻值代码用字母或数字标示，标示方法主要有三位数字标示法、一个字母加一位数字标示法两种。图 4-3 中“471”表示该贴片电阻阻值为 470 Ω。

5. 电阻器的额定功率

当电流通过电阻时会因消耗功率而引起升温。一个电阻在正常工作时，其所允许的功率称为额定功率。实际使用功率超过规定值时，会使电阻因过热而改变阻值甚至烧毁。对一些准确度高（如高于 0.1%）的电阻，为保证其准确度，往往还要降低功率使用。

电阻的允许功率与其使用时周围温度有关，通常电阻标明的允许功率（或允许电流）是指其周界温度在 20 ℃附近时的值。随着周界温度升高，其允许功率将下降，当周界温度升到某一数值时，电阻允许的功率将降为零。也就是说，这个温度是该电阻的最高允许温度，如对于 RJ 型金属膜电阻，最高允许温度为 125 ℃。因此，在电路设计选用电阻时要注意选用合适功率（或电流）的电阻，而不是仅仅考虑其阻值。

4.2　电感器

电感和互感有时统称为电感，都是在电路中由于“电磁感应”而用于电与磁转换的元件。电感是一个线圈自身的感应现象，故又称为自感，而互感则是两个（或两个以上）线圈之间的互相感应现象。

常用的自感元件分为两类：一类称为空心电感，通常是绕在空心圆筒或骨架上的线圈，其工作电流与电压满足线性关系；另一类则称为含铁芯电感，它在线圈内带有铁芯（或磁芯），其工作电流与电压不满足线性关系。

线性电感的电感值与电压、电流无关，而非线性电感的电感值则与电压、电流有关。

1. 电感的主要技术指标

（1）标称值

电感的标称值是指在正常工作条件下该电感的自感量或互感量，一般在电感元件上都有标明。分挡调节的可变电感器则由分挡标出电感量；连续可变的电感器多数用有标度的转盘指示相应位置的电感量。

(2) 准确度

电感准确度等级的定义同电阻类似。在规定的使用频率下，其误差分别在 $\pm a\%$ 以内，其中 a 为电感的准确度等级。标准电感的准确度等级有 0.01，0.02，0.05，0.1，0.2，0.5，1.0。

(3) 最大工作电流

电感的最大工作电流又称为允许电流。绝大多数电感是由绝缘的漆包线绕制线圈而成，若工作时流过电感的电流超标，会因电感线圈过热而造成漆包线的绝缘破坏，导致电感损坏。因此，电感工作时电流不得超过其说明书上的允许电流。有些可变电感箱，当旋钮在不同指示值时其允许电流是不同的，使用时要特别注意其电流标称。

(4) 工作频率

由于电感的等效参数与频率有较大的关系，所以电感的标称值、准确度等指标都是在指定的频率范围内给出的。各类产品在其说明书上均注明有其适用的频率范围。低频电路中使用的标准电感是在规定的频率下测定的，如准确度 0.05 级以下的电感频率为(1 000±10)Hz，0.01 级和 0.02 级的频率为(1 000±2)Hz。当电感的使用频率与其检定时所用的频率不同时，电感的标称值和准确度等级都将改变。这一点在使用电感器时应予以充分的注意。对于自制电感的测定，也应注意测定频率与实验使用的频率是否一致。

(5) 空心电感线圈的等效电路

空心电感线圈的等效电路如图 4-4 和图 4-5 所示。图 4-4 是工作在低频时的等效电路；图 4-5 为工作在高频时的等效电路。

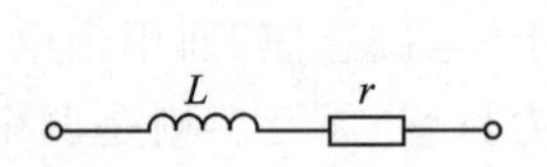

图 4-4　空心电感线圈低频时的等效电路

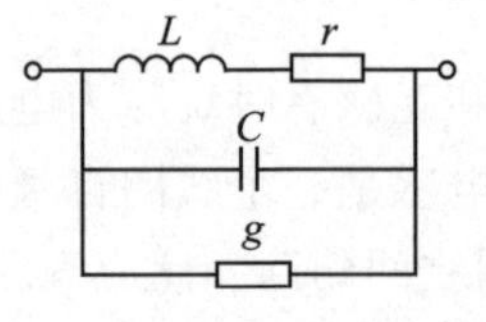

图 4-5　空心电感线圈高频时的等效电路

图 4-4 中，L 是电感的标称值，它取决于线圈的磁路，并与匝数的平方成正比；r 则表征了电感器的功率损耗电阻。对于低频空心线圈而言，该电阻即为构成线圈的导线电阻 R。如果电路的频率较高，或线圈的杂散电容(绕组的匝间电容及层间电容)较大，则要用图 4-5 的等效电路表征。其中，L 主要是由磁路决定的电感；r 主要由导线的电阻决定；线圈的杂散电容则用一个集中电容 C 来表征，频率越高，杂散电容 C 对电感等效参数的影响越显著；电导 g 则是考虑在高频时线圈周围介质的极化损耗。

图 4-5 中，将电感线圈的杂散电容视为一个集中电容 C 与线圈并联，当电感与其他电容并联时，其谐振角频率将受 C 的影响而下降。

电工实验大多在工频或低频下进行，图 4－4 中的空心电感线圈，其等效阻抗 Z 可表示为

$$Z = r + \mathrm{j}X_L \tag{4-1}$$

当线圈的尺寸对线圈中电压、电流的波长为不可忽略时，其等效电路应按分布参数电路考虑。

(6) 品质因数

电感的等效阻抗的虚部和实部之比称为该电感器的品质因数，记作 Q_L，即

$$Q_L = X_L / R \tag{4-2}$$

式中，X_L 为电感的等效电抗；R 为电感的等效电阻。

由于电感的等效电抗 X_L 是频率的函数，所以 Q_L 是随频率而变化的。若是非线性电感器，品质因数 Q_L 还随电压、电流大小的变化而变化。

2. 贴片电感

图 4－6 所示为典型贴片电感的编码图。

①	②	③	④	⑤	⑥		⑦
M	EL	L	500	A	4.7 mH	-	100

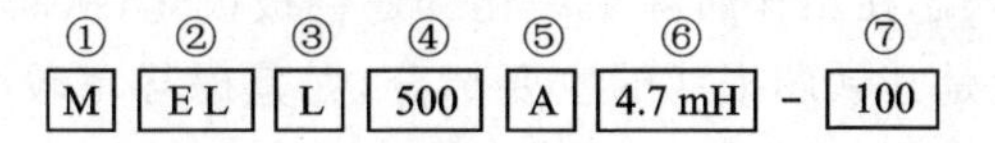

图 4－6　典型贴片电感编码图

图 4－6 中各部分所表示的含义如下：

① 表示原材料类。

② 表示电感类。

③ 表示电感。L 表示电感，P 表示电源扼流圈，F 表示高低通滤波器，M 表示储能电感。

④ 表示频率(仅用于滤波器)。500 表示 50 Hz，101 表示 100 Hz，102 表示 1 kHz，103 表示 10 kHz。

⑤ A 表示磁芯可调型，B 表示磁芯固定型。

⑥ 表示电感量。

⑦ 表示 Q 值。100 表示 10，101 表示 100，102 表示 1 000。

3. 含铁芯(或磁芯)线圈的特殊问题

通常为了增加电感线圈的电感量，可在线圈中加铁芯(或磁芯)。铁芯的材料可以是硅钢片、坡莫合金、铁氧体等高磁导率物质。硅钢片是低频电路(主要是工频电路)中应用最广的铁芯，其最大相对磁导率可达 10^4。坡莫合金则以磁导率高而著称，最大相对磁导率达 $10^5 \sim 10^6$，但价格较高，通常只有在电感元件的体积受到限制，需要小体积、大电感的场合才考虑使用坡莫合金的铁芯。由于铁芯中磁滞和涡流的影响，一般硅钢片和坡莫合金只在低频电路中使用，其使用的上限频率为音频(20 kHz)。铁氧体磁芯使用的频率范围很广，根据材料配方的不同，其磁导率的范围也很大。一般音频使用的铁氧体磁芯有较高的磁导率，使用频率越高的铁氧体磁

芯的磁导率越低。

(1) 损　耗

线圈加铁芯后虽使其电感值增大,但也带来了一些其他问题。首先,由于铁芯材料的磁滞特性,以及铁芯材料的电导率不可能为零,因此当线圈在交流电路中使用时,铁芯中将引起损耗,进而增大了电感元件的损耗,即增大了其等效电阻 R。

铁芯损耗包括磁滞损耗、涡流损耗和介质损耗。这些损耗与材料的性质、几何尺寸、磁感应强度及频率等因素有关。

对于硅钢片、坡莫合金这些金属型铁芯,铁芯损耗由磁滞损耗和涡流损耗构成。磁滞损耗正比于材料的磁滞回线的面积和磁化的频率。涡流损耗则与频率的平方成正比,与材料的电阻率成反比。

铁芯(或磁芯)中磁感应强度的振幅 B_m 及每片铁芯的厚度 d 与涡流损耗有关,B_m 和 d 越大,涡流损耗也越大。由于铁氧体的电阻率是金属型磁性材料电阻率的几万倍,所以铁芯中的涡流损耗甚小,这是它能在高频电路中使用的原因。但铁氧体是介质型磁性材料,铁芯在工作时除被磁化外还会被极化,从而引起介质损耗。通常铁氧体芯的介质损耗是其铁芯损耗的主要部分,尤其磁导率较大的铁氧体在低频时介电系数和介质损耗特别大,高频时又会出现空腔谐振现象,也会使损耗增大。

另外,在使用含铁芯的线圈时,若有直流电流通过线圈,则会改变铁芯的工作点在磁化曲线上的位置,从而改变线圈的电感增加量和损耗量。

(2) 波形畸变

由于铁芯材料的 $B-H$ 曲线的非线性关系,含铁芯的电感器从理论上来说都是非线性电感。其电感值与通过的电流有关,电流越大,电感值越小。电感的非线性还使交流电路中的电压、电流波形发生畸变,出现高次谐波(其中三次谐波最为显著);铁芯越接近饱和,畸变越严重。为了降低铁芯线圈的非线性程度,减小电压、电流波形畸变的程度,线圈的铁芯应在低磁感应状态下工作。

4.3　电容器

两个相互靠近的导体,中间夹层不导电的绝缘介质就构成了电容器。当电容器的两个极板之间加上电压时,电容器就会储存电荷,所以,电容器是储能元件。电容器的电容量的基本单位是F,在电路图中通常用 C 表示。电容器在调谐、旁路、耦合、滤波等电路中起着重要的作用。

电容器按照结构可分为固定电容器、可变电容器和微调电容器;按电介质可分为有机介质电容器、无机介质电容器、电解电容器、电热电容器和空气介质电容器等;按制造材料的不同可以分为瓷介电容器、云母电容器、涤纶电容器、电解电容器、钽电容器、聚丙烯电容器等;按用途可分为高频旁路电容器、低频旁路电容器、滤波电容器、调谐电容器、高频耦合电容器、低频耦合电容器、小型电容器。

1. 电容器的命名方法

根据 GB/T 2470—1995，固定电容器的命名方法见图 4－7 和表 4－7，和固定电阻器类似。

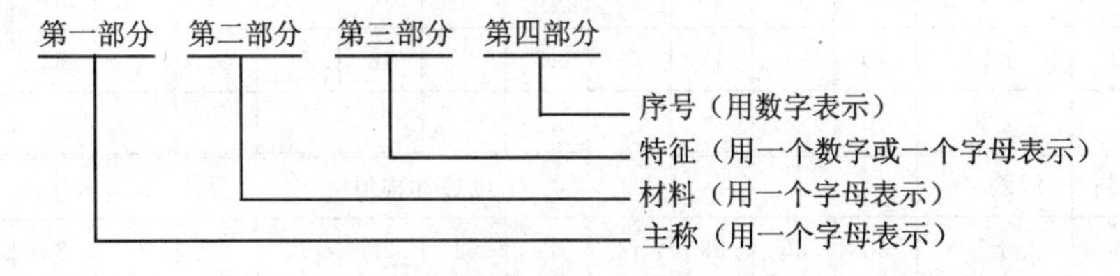

图 4－7　固定电容器的命名方法

表 4－7　电容器的型号命名法(部分)

第一部分		第二部分		第三部分		第四部分
主称		材料		特征		序号
字母	含义	字母	含义	数字或字母	含义	
C	电容器	A	钽电解	T	铁介	后缀包括：温度特征、耐压值、标称值、误差等信息
		C	1 类陶瓷介质	W	微调	
		H	复合介质	J	金属化	
		J	金属化纸介质	X	小型	
		O	玻璃膜介质	S	独石	
		S	3 类陶瓷介质	D	低压	
		T	2 类陶瓷介质	M	密封	
		V	云母纸介质	Y	高压	
		Y	云母介质	C	穿心式	
		Z	纸介质	G	高功率	

例如：电容器

CJX－250－0.33－±10％

含义：C 表示电容器；J 表示金属化纸介质；X 表示小型；250 表示耐压 250 V；0.33 表示标称电容值 0.33 μF；±10％表示允许误差±10％。

2. 电容器的标称值

电容的标称值是指电容在正常工作条件下的电容量。与电阻一样，除特殊电容外，固定电容也是由国标定出系列标称值。不同系列有不同的误差等级和标称值，见表 4－8。通常，电容的容量是在 pF(皮法)级至 μF(微法)级的范围内：

- 当 $C<1\,000$ pF 时，以 pF 为单位标注，如 22 pF；
- 当 $C>1\,000$ pF 时，以 μF 为单位标注，如 0.047 μF。

表 4-8　固定电容标称值

系　列	误差/%	电容标称值											
E24	±5	10	11	12	13	15	16	18	20	22	24	27	30
E12	±10	10		12		15		18		22		27	
E6	±20	10				15				22			
系　列	误差/%	电容标称值											
E24	±5	33	36	39	43	47	51	56	62	68	75	82	913
E12	±10	33		39		47		56		68		82	
E6	±20	33				47				68			

3. 电容器的标示法

目前电容器的标示法大致包括五种：直标法、色环标示法、三位数标示法、颜色加一个字母标示法、字母数字混合标示法。其中，直标法是直接将电容的标称值、额定电压标在电容上，这种方法直观、方便选用，体积较大的电容目前大多使用这种标示方法；色环标示法与电阻的标示方法相似，参见表 4-4，这种方法由于读数不直观，在电容上较少采用。

(1) 三位数标示法

三位数标示法中，前面两位数字表示电容标称值的有效数字，第三位表示有效数字后面需添加“0”的个数，单位为 pF。

(2) 颜色加一个字母标示法

颜色加一个字母标示法是在电容上标一颜色加一个字母的组合来表示容量。其中，字母表示容量的前两位有效数字，见表 4-9；其颜色则表示在字母代表的有效数字后面再添加“0”的个数，单位为 pF，见表 4-10。例如：红色后面还印有“Y”字母，则表示电容量为 $8.2\times10^{0}=8.2$(pF)；黑色后面印有“H”字母，则表示电容量为 $2.0\times10^{1}=20$(pF)；白色后面印有“N”字母，则表示电容量为 $3.3\times10^{3}=3\ 300$(pF)。

表 4-9　颜色加一个字母标示法中字母的含义

字　母	A	B	C	D	E	F	G	H	J	K	L
电容值 前两位有效数字	1.0	1.1	1.2	1.3	1.5	1.6	1.8	2.0	2.2	2.4	2.7
字　母	M	N	O	Q	R	S	T	W	X	Y	Z
电容值 前两位有效数字	3.0	3.3	3.6	3.9	4.3	4.7	5.1	6.8	7.5	8.2	9.1
字　母	a	b	d	e	f	u	m	v	h	t	y
电容值 前两位有效数字	2.5	3.5	4.0	4.5	5.0	5.6	6.0	6.2	7.0	8.0	9.0

表 4-10　颜色加一个字母标示法中颜色的含义

颜　色	红	黑	蓝	白	绿	橙	黄	紫	灰
10^n 次方中 n 的值	0	1	2	3	4	5	6	7	8

(3) 字母数字混合标示法

字母数字混合标示法，指在贴片电容的白色基线上打印一个黑色字母和一个黑色数字(或在方形黑色衬底上打印一个白色字母和一个白色数字)作为代码。其中，字母表示容量的前两位有效数字，参见表 4-9；后面的数字则表示在前面两位有效数字的后面所加“0”的个数，单位为 pF，举例见表 4-11。

表 4-11　电容的字母数字混合标示法举例

代　码	e0	A1	G2	F3	J4	S5	N6	A7
标称值	4.5 pF	10 pF	180 pF	1 600 pF	0.022 μF	0.47 μF	3.3 μF	10 μF

4. 贴片电容

贴片电容的外形与贴片电阻相似，只是稍薄。一般贴片电容为白色基体，多数钽电解电容则为黑色基体，其正极端标有白色极性。贴片电容像贴片电阻一样，也有片形和圆柱形两种，其中圆柱形贴片电容酷似贴片柱形电阻，只是通体一样粗，而电阻的两头稍粗。图 4-8 所示为典型贴片电容编码图。

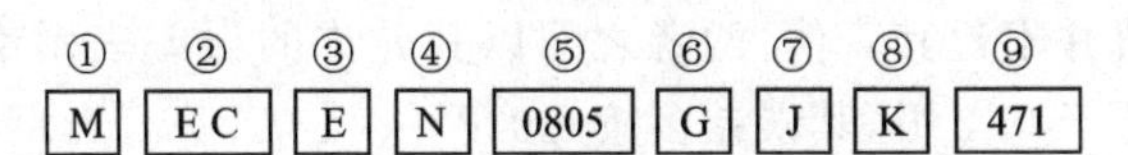

图 4-8　典型贴片电容编码图

图 4-8 中各部分所表示的含义如下：

① 表示原材料类。

② 表示电容。

③ 表示规格。E 表示贴片型，P 表示插件型。

④ 表示电介质。H 表示 HVC 高电压，P 表示 POC 多元脂，Q 表示 HQC 高 Q 值，T 表示 TZC 钽质，C 表示 CPC 瓷片，W 表示 CWC 陶瓷，Q 表示 PPC 聚丙烯，S 表示 PSC 聚苯乙烯，O 表示 MPO 金属多元脂，U 表示多层陶瓷电容，M 表示 MPP 金属聚丙烯，等等。

⑤ 表示尺寸。引脚类别：0402 表示 1.02 mm×0.51 mm，0603 表示 1.5 mm×0.75 mm，0805 表示 2.03 mm×1.27 mm，1206 表示 3.18 mm×1.58 mm，1210 表示 3.18 mm×2.41 mm，1812 表示 4.45 mm×3.18 mm；0000 表示有脚电容且脚位横向引出；0001 表示有脚电容且脚位竖向引出。

⑥ 表示耐压。J 表示 4 V，N 表示 6.3 V，G 表示 10 V，E 表示 16 V，H 表示 20 V，A 表示 25 V，F 表示 35 V，B 表示 50 V，I 表示 63 V，P 表示 75 V，D 表示 100 V，Q 表示 160 V，R 表示 200 V，L 表示 250 V，O 表示 275 V，S 表示 315 V，T 表

示 350 V，Y 表示 400 V，X 表示 450 V，Z 表示 630 V，C 表示 1 kV，K 表示 2 kV，U 表示 3 kV，W 表示 6.3 kV。

⑦ 表示误差。C 表示±0.25 pF，D 表示±0.5 pF，F 表示±1 pF，J 表示±5%，K 表示±10%，M 表示±20%，Z 表示(+80%，−20%)。

⑧ 表示包装。B 表示 BULK 散装(塑胶袋装)，C 表示 BULK CASE 盒装，E 表示塑胶带卷装 7 in，U 表示塑胶带卷装 13 in，T 表示纸带卷装 7 in，K 表示纸带卷装 13 in。

⑨ 表示容量。图 4-8 中的“471”表示 470 pF。

5. 电容器的额定电压

电容的额定电压表示其两端能承受的最高直流电压，对于交流电压，是指其最大值而非有效值。

通常在电容上都标有额定电压，低的只有几伏，高的可达数万伏。使用时要注意选择适合额定电压的电容，避免因工作电压过高而使电容击穿造成短路。例如在工频 220 V 中使用的电容，由于其电压最大值为 220 V×1.4=314 V，故电容的额定电压要大于此值(一般至少大于最大工作值的 1.2 倍)。

一些容易被瞬间电压击穿的瓷介电容器应尽量避免接在低阻电源的两端。有些电容器经不太严重的击穿后，虽然仍可恢复其绝缘性，但容量和准确度都会降低。

电解电容的耐压与存储时间有很大关系，长期不使用的电解电容器耐压水平会下降；重新使用时应先加半额定电压，一段时间后才能恢复原有的耐压水平。

6. 电容器的准确度

电容的标称值并不是其真值，两者之间以其允许的误差表示准确度。通常使用的电容准确度均低于 0.1 级，其误差多按±0.2%、±0.5%、±1%、±5%、±10%分级，有的甚至可达 ±20%；作为量具的电容(标准电容)和电容箱的准确度等级，分为 0.01，0.02，0.05，0.1 和 0.2；电解电容器的准确度是极低的，其误差可在±50%～±100%之间，而且与使用及储存的时间有关，电解电容一般只做旁路滤波使用。

7. 电容器的频率使用范围

由于电容的介质损耗 $\tan\delta$ 与频率有关，而且所用介质不同，各种电容器的使用频率范围也不相同。常用电容器的使用频率范围见表 4-12。

表 4-12 常用电容器的使用频率范围

电容名称	使用频率范围/Hz
铝(钽)电解电容	$0\sim10^{5}$
纸与金属化纸介电容器	$10^{2}\sim10^{6}$
高频陶瓷电容器	$10^{3}\sim10^{6}$
聚酯电容器	$10^{2}\sim10^{7}$
云母、聚苯乙烯、玻璃、低损陶瓷	$10^{2}\sim10^{10}$

电解电容器由于介质损耗大、杂散电感大，使用的频率上限很低，所以在将电解电容器旁路时，还需并联小容量的其他电容以降低高频时的总阻抗。

第5章 直流电路

5.1 电阻的测量

1. 普通电阻的测量

普通电阻是指数值在 $1\sim10^5\ \Omega$ 之间的电阻，这种电阻的测量不必考虑接触电阻和漏电流等的影响，是最一般的情况，可用以下方法测量。

(1) 欧姆表测量

最常见的是用万用表的欧姆挡进行测量，测量时一定要注意选择合适的量程。如果是指针式三用表，则还要注意：测量前先调零，读数时指针应指在刻度的中央位置等。用欧姆表测量电阻阻值，方法比较简单，但准确度较低。

(2) 用电压表和电流表测量

在电阻两端施加一个直流电压，分别用直流电压表和直流电流表测试电阻上的电压和电流，然后通过计算即可得到

$$R=\frac{U}{I}$$

测量时，施加电压的大小要合适，应确保电阻的功率不超过其额定功率；根据被测电阻的大小，电压表和电流表应选择不同的接法，接线方法详见5.4节(图5-4和图5-5)。

用这种测量方法获得的数据，准确度也较低。

(3) 用直流单电桥测量

用直流单电桥测量电阻，准确度较高，是目前精确测量普通电阻阻值的常用方法之一。

2. 小电阻的测量

小电阻是指 $1\ \Omega$ 以下的电阻(一般在 $10^{-5}\sim1\ \Omega$ 之间)，如电流表内阻、导线电阻、金属材料电阻等。测量小电阻时，通常采用双臂电桥(亦称开尔文电桥)测量，由于双臂电桥把四端引线法和电桥的平衡比较法结合起来，故避免了外接连线电阻和接触电阻对被测电阻的影响，因此其测量准确度高。

3. 大电阻的测量

大电阻是指 $10^5\ \Omega$ 以上的电阻，主要指绝缘材料的电阻，如电动机绕组与绕组之间的电阻、绕组和电机外壳之间的电阻等。由于被测电阻很大，通过电阻的电流很小，若用电压表加检流计测量，应避免漏电流对测量电阻的影响。工程上，常采用兆

欧表测量绝缘电阻,兆欧表的具体使用方法详见附录 A.2.5。

5.2 直流电流的测量

直流电流应采用直流电流表测量,电流表应串接在电路中,如图 5-1(a)所示。

指针式直流电表,常采用磁电系测量机构。使用指针式电流表测量时,电表的"+"极为电流流入端,电表的"-"极为电流流出端。注意:直流电流表"+""-"极性不能接错,否则,指针反偏容易损坏电表;电流表也不能并接在电路中,否则,将会因电流表内阻过低而导致电路短路,烧毁电表。

磁电系测量机构所允许流入的电流一般小于 10 mA,为了测量较大电流,通常需在测量机构上并联分流电阻 R_A,如图 5-1(b)所示。图 5-1(b)电路中,I_0 是测量机构额定电流,R_0 是测量机构内阻,通常 I_0 和 R_0 是固定不变的。

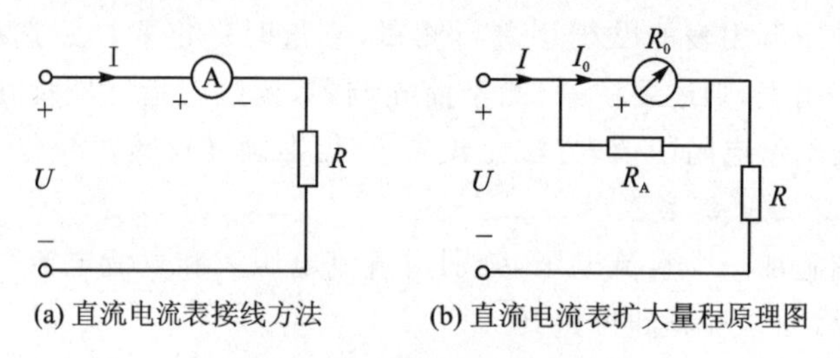

图 5-1　直流电流表的测量

现假设电流表量程为 I,电流量程扩大倍数 $K_A = I/I_0$,由

$$\begin{cases} I_0 R_0 = (I - I_0) R_A \\ K_A = I/I_0 \end{cases}$$

可得需并联的分流电阻 R_A 为

$$R_A = R_0/(K_A - 1)$$

量程不同,分流电阻的值也不同。测量电流时,如果不知道被测电流的大小,那么先用最高挡,而后再选用合适的挡位来测试,避免表针偏转过度而损坏表头。注意:所选用的挡位越靠近被测值,测量的数值就越准确。

如果采用数字直流电流表测量,则量程应大于被测量,实际电流方向由被测量的正负号确定。

5.3 直流电压的测量

直流电压应采用直流电压表测量,电压表应并接在电路中,如图 5-2(a)所示。

使用指针式电压表测量电压时,电表的"+"极接高电位端,电表的"-"极接低电位端。注意:直流电压表"+""-"极性不能接错,否则,指针反偏容易损坏电表;直流电压表也不能串接在电路中，否则，将因电压表内阻过高而导致电路断路，不能正常工作。

为了测量较大电压，通常需在测量机构上串联分压电阻 R_V，如图 5 - 2(b)所示。图 5 - 2(b)电路中，I_0 是测量机构额定电流，R_0 是测量机构内阻，通常 I_0 和 R_0 也是固定不变的。

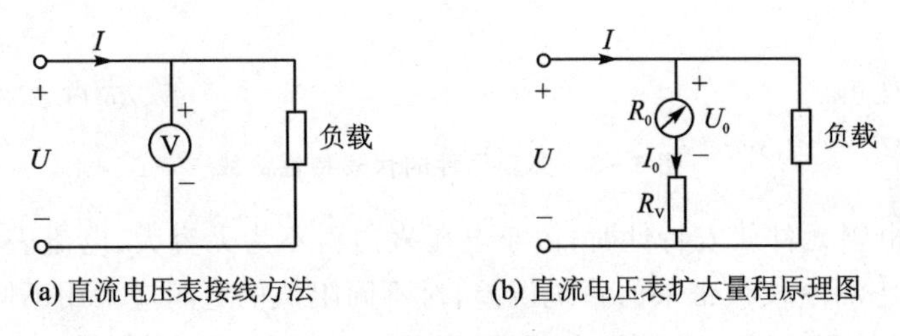

图 5 - 2　直流电压表的测量

现假设电压表量程为 U，电压量程扩大倍数 $K_V=U/(R_0I_0)$，由

$$\begin{cases}U=I_0(R_0+R_V)\\K_V=U/R_0I_0\end{cases}$$

可得需串联的分压电阻 R_V 为

$$R_V=(K_V-1)R_0$$

测量电压时，如果不知道被测电压的大小，同样应先用最高挡，而后再选用合适的挡位来测试。注意：所选用的挡位越靠近被测值，测量的数值就越准确。

5.4　实验一　电阻元件的伏安特性测试

一、实验目的

① 掌握直流稳压电压源、直流电压表、直流电流表的正确使用方法；

② 熟悉线性电阻元件伏安特性曲线；

③ 熟悉线性电阻串联分压和并联分流的特性；

④ 了解普通二极管的伏安特性。

二、实验原理

① 在任何时刻，线性电阻元件上的电压、电流都满足欧姆定律，即 $u=Ri$，反映在伏安坐标平面上，是一条过原点的直线，如图 5 - 3(a)所示。

② 非线性电阻元件上的电压、电流不满足欧姆定律，反映在伏安坐标平面上，是一条任意的曲线；普通二极管是一个典型的非线性电阻元件，图 5 - 3(b)是普通二极管的伏安特性曲线，图 5 - 3(c)是隧道二极管的伏安特性曲线。

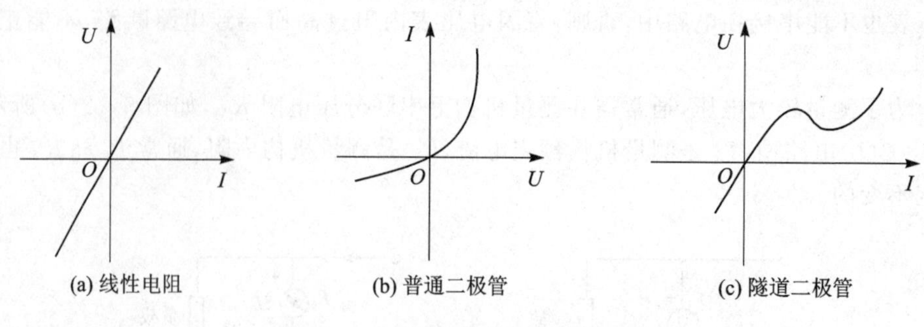

图 5-3 典型元件的伏安特性曲线

③ 测量电阻元件伏安特性时，由于电压表内阻不为无穷大，电流表内阻不为零，因此，为了减小测量仪表带来的系统误差，对不同阻值的电阻应采用不同的接线方法去测量。如果待测电阻的阻值较大，则采用图 5-4 所示的电路测量，这种方法亦称前测法；如果待测电阻的阻值较小，则采用图 5-5 所示的电路测量，这种方法亦称后测法。

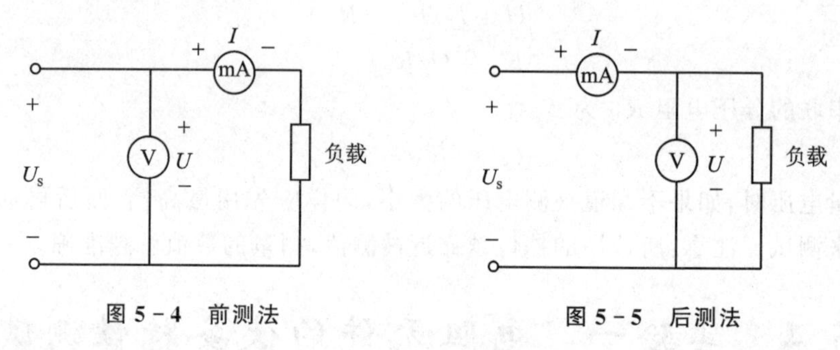

图 5-4 前测法　　图 5-5 后测法

④ 测量普通二极管 VD 伏安特性时，由于二极管正向导通时阻值很低，所以电路中应串联一个限流电阻 R_0，如图 5-6 所示。

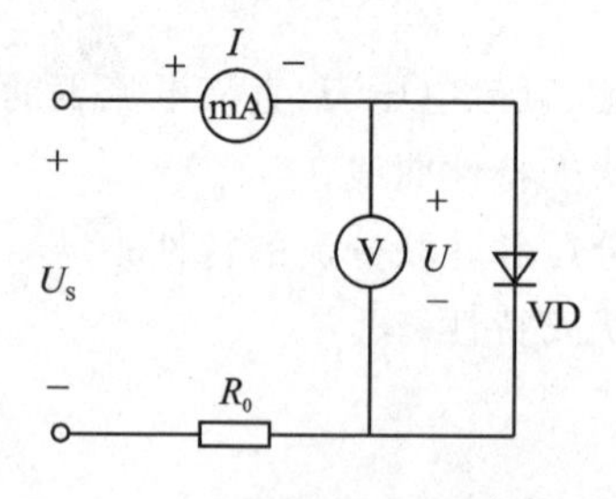

图 5-6 二极管伏安特性测试图

三、实验任务

1. 线性电阻元件伏安特性测试

① 负载 R=1 000 Ω，电路如图 5-4 所示，测试一组数据，填入表 5-1 中。

② 负载 $R=100\ \Omega$，电路如图 5－5 所示，测试一组数据，填入表 5－1 中。

表 5－1　电阻伏安特性测试

电源电压 / 电流	2.0 V	3.0 V	4.0 V	5.0 V	6.0 V	7.0 V	8.0 V
$R=1\,000\ \Omega, I/\mathrm{mA}$							
$R=100\ \Omega, I/\mathrm{mA}$							

2. 线性电阻串联分压和并联分流的特性测试

① 将 R_1 和 R_2 串联，用直流电压表分别测试图 5－7(a)中的 U_1、U_2、U，将数据填入表 5－2 中，并观察它们的分压特性。

表 5－2　串联电阻分压特性测试

电源电压 / 电压	2.0 V	3.0 V	4.0 V	5.0 V	6.0 V	7.0 V	8.0 V
U_1							
U_2							
U							

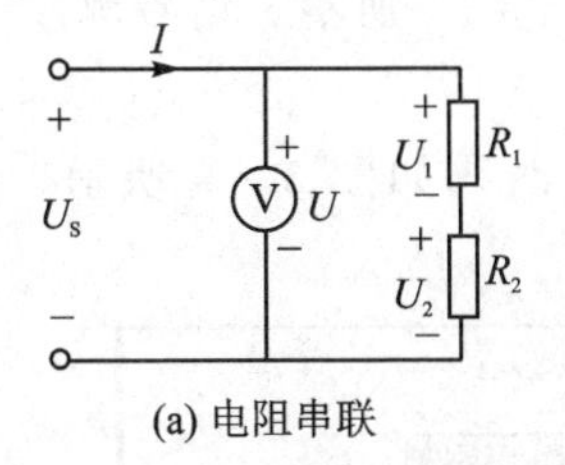

(a) 电阻串联

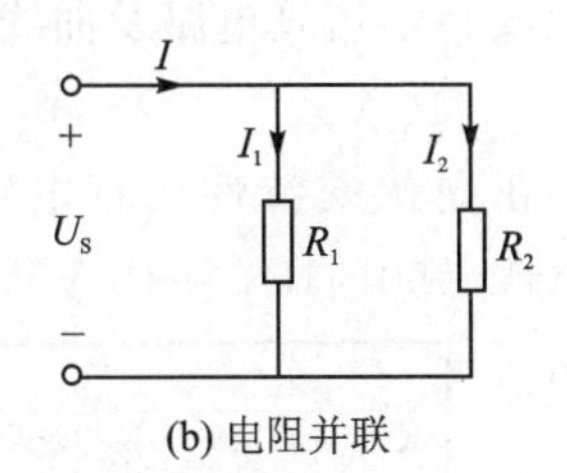

(b) 电阻并联

图 5－7　线性电阻串联分压和并联分流的特性测试图

② 将 R_1 和 R_2 并联，用直流电流表分别测试图 5－7(b)中的 I_1、I_2、I，将数据填入表 5－3 中，并观察它们的分流特性。

表 5－3　并联电阻分流特性测试

电源电压 / 电流	2.0 V	3.0 V	4.0 V	5.0 V	6.0 V	7.0 V	8.0 V
I_1							
I_2							
I							

3. 普通二极管正向伏安特性的测试

电路如图 5－6 所示，$R_0=300\ \Omega$，测试二极管上的电压和电流，并将数据填入表 5－4 中。

表 5－4　二极管正向伏安特性测试

U/V	0.20	0.40	0.60	0.65	0.70	0.75	0.80	2.0
I/mA								

四、实验设备

- 双路直流电压源；
- 直流电压表、电流表；
- 电阻若干；
- 普通二极管；
- 短接桥；
- 细导线；
- 9 孔插件方板。

五、仿真示例

① 电阻的伏安特性仿真电路及曲线如图 5－8 所示。信号源：三角波（$f=1$ Hz，占空比＝50％，$U_{pp}=10$ V）。

② 二极管的正向伏安特性仿真电路及曲线如图 5－9 所示。信号源：正弦波（$f=50$ Hz，占空比＝50％，$U_{pp}=10$ V）。

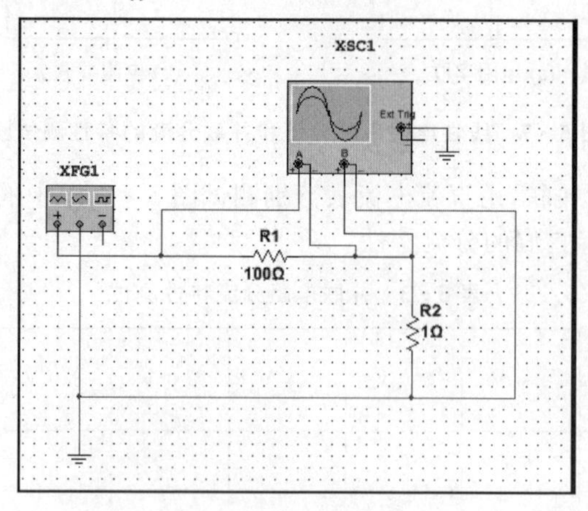

(a) 电路图

图 5－8　$R=100\ \Omega$ 的伏安特性仿真电路及曲线

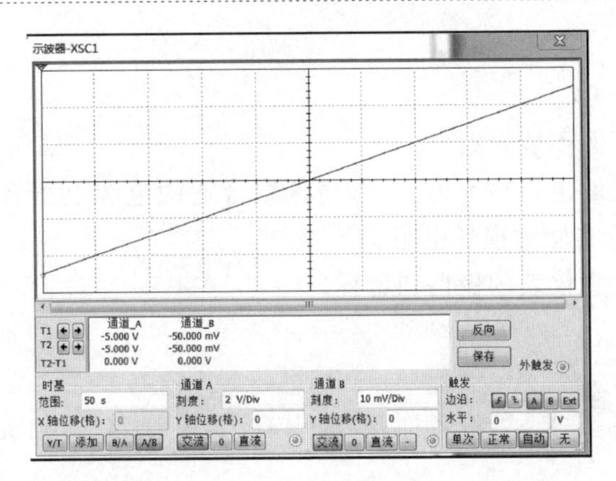

(b) 仿真曲线

图 5－8　$R=100\ \Omega$ 的伏安特性仿真电路及曲线(续)

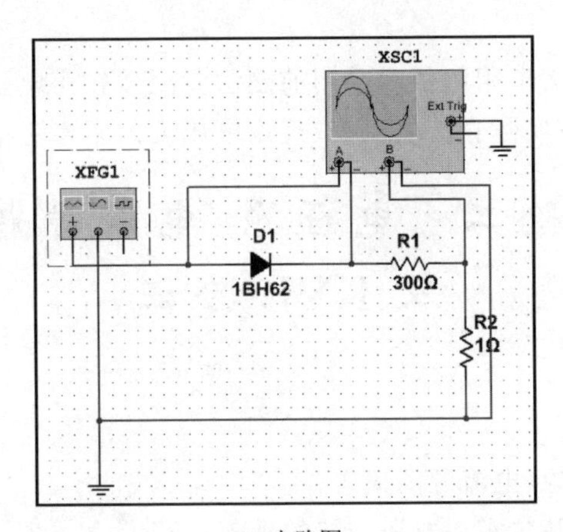

(a) 电路图

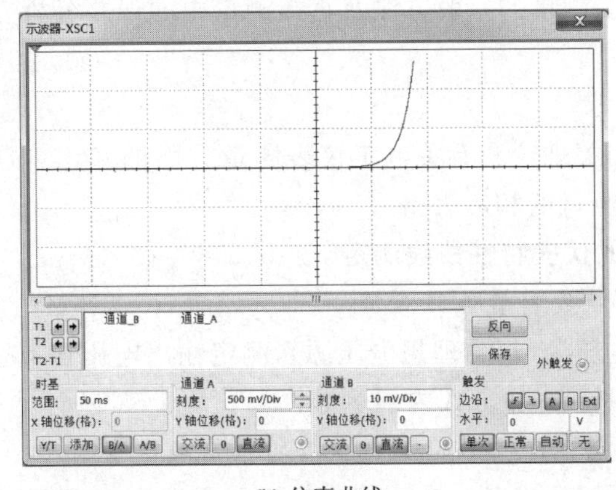

(b) 仿真曲线

图 5－9　二极管的正向伏安特性仿真电路及曲线

六、注意事项

① 实验中电压源不能短路。

② 实验室提供的电阻功率为 2 W，请选取合适的电源电压值，估算实验电路中电阻上的功率，以免实验中损坏电阻。

③ 测量时要注意仪表的极性和量程。

七、实验报告要求

① 预习报告的要求：实验名称、实验内容、实验线路、电路元件和电源的估算参数。

② 写实验报告时，请在坐标纸上画出所有测试曲线。

八、思考题

1. 为什么测试较大电阻阻值时采用前测法？测试较小电阻阻值时采用后测法？
2. 查阅文献，了解实际直流电流表、直流电压表内阻参考值大概分别是多少？

5.5　实验二　电压源、电流源特性测定及 KVL 验证

一、实验目的

① 强化独立电压源、电流源的概念；

② 进一步加深对基尔霍夫电压定律的理解；

③ 初步掌握电工测量的一般方法及直接测量中的误差分析方法。

二、实验任务

预习教材中的相关理论和有关电工仪表测量方面的知识。自拟实验线路，估算所有参数，拟好需要测量的相应表格。

1. 独立电压源的伏安特性曲线测定

(1) 理想电压源伏安特性曲线测定

对提供的直流电压源(视为理想电压源)，测定输出电压在 10 V 左右时的伏安特性曲线，输出电流测量到 140 mA 左右为止。

(2) 电压源内阻为 10～100 Ω 时的伏安特性曲线测定

对提供的直流电压源串联一个 10～100 Ω 的电阻(该电阻可看作实际电压源内阻)，测定输出电压在 10 V 左右时的伏安特性曲线，输出电压测量到 9 V 左右为止。

2. 独立电流源的伏安特性曲线测定

(1) 理想电流源伏安特性曲线测定

对提供的直流电流源(视为理想电流源),测定输出电流在 15 mA 时的伏安特性曲线,输出电压测量到 15 V 左右为止。

(2) 电流源内阻为 1～2 kΩ 时的电流源伏安特性曲线测定

对提供的直流电流源并联一个 1～2 kΩ 的电阻(该电阻可看作实际电流源内阻),测定输出电流在 15 mA 时的伏安特性曲线,输出电流测量到 13.5 mA 左右为止。

3. 对任意回路验证 KVL

设计一个含 2 个电压源、电阻不少于 4 个的电阻性网络,回路电流小于 15 mA。测量各电阻上的电压,验证 KVL 的正确性,并计算测量误差。

三、实验方法参考

1. 独立电压源伏安特性测试

电路如图 5-10(a)所示,测试独立电压源伏安特性曲线时,为避免电压源短路,可使负载电阻 R_L 从∞开始逐渐减小,最后得到伏安特性曲线,如图 5-10(b)所示。

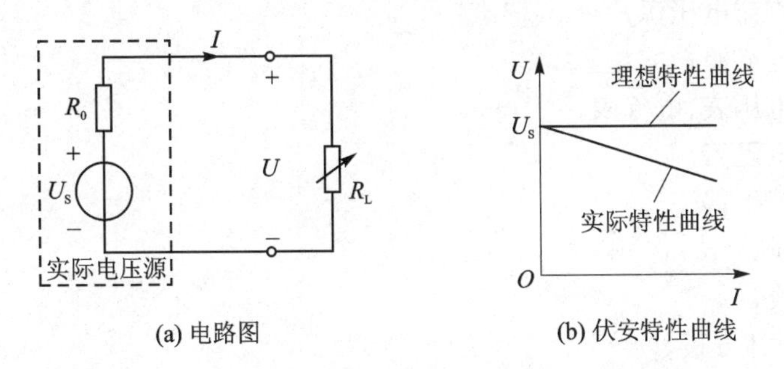

(a) 电路图　(b) 伏安特性曲线

图 5-10　实际电压源电路及电压源伏安特性曲线

2. 独立电流源伏安特性测试

电路如图 5-11(a)所示,测试独立电流源伏安特性曲线时,为避免电流源开路,可使负载电阻 R_L 从 0 开始逐渐增大,最后得到伏安特性曲线,如图 5-11(b)所示。

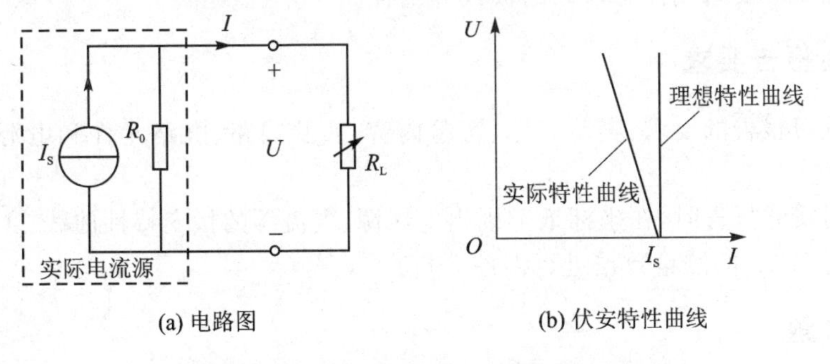

(a) 电路图　(b) 伏安特性曲线

图 5-11　实际电流源电路及电流源伏安特性曲线

3. KVL 定律验证

电路如图 5-12 所示，要求对所设计的回路验证 KVL，并计算回路 $\sum U$ 的最大允许误差。

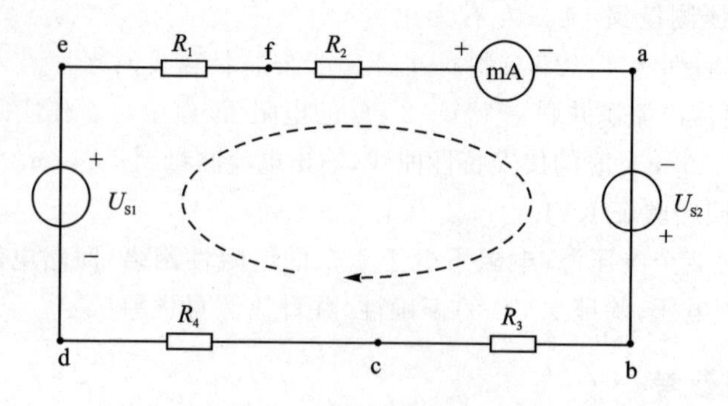

图 5-12 验证 KVL 的电路

四、实验设备

- 双路直流电压源；
- 直流电流源；
- 直流电压表、电流表；
- 可调电阻箱；
- 电阻若干；
- 短接桥；
- 细导线；
- 9 孔插件方板。

五、注意事项

① 实验中电压源不能短路、电流源不可开路。

② 估算实验电路中所使用电阻的功率，以免在实验中烧毁电阻。

③ 测量时要时刻注意仪表的极性和量程。

六、实验报告要求

① 预习报告的要求：实验名称、实验内容、实验线路、电路元件和电源的估算参数等。

② 写实验报告时，在坐标纸上画出电压源、电流源的伏安特性曲线。

③ 对 KVL 的测量数据进行误差分析。

七、思考题

1. 测定电压源的伏安特性时，负载阻值从大到小调节，能否小到 0？如果负载短路,对电源有什么影响?

2. 测定电流源的伏安特性时,负载阻值从小到大调节,能否大到∞?如果负载开路,对电源又有什么影响?

八、实验参考表格(见表 5-5～表 5-7)

表 5-5　独立电压源的伏安特性测定表格

负　载	R_L/Ω	∞					
理想电压源	U/V	10.0					
	I/mA	0					
负　载	R_L/Ω	∞					
实际电压源 $R_0=$　　Ω	U/V	10.0					
	I/mA	0					

表 5-6　独立电流源的伏安特性测定表格

负　载	R_L/Ω	0					
理想电流源	I/mA	15.0					
	U/V	0					
负　载	R_L/Ω	0					
实际电流源 $R_0=$　　Ω	I/mA	15.0					
	U/V	0					

表 5-7　KVL 验证

	I/mA	U_{ab}/V	U_{bc}/V	U_{cd}/V	U_{de}/V	U_{ef}/V	U_{fa}/V	$\sum U$
测量值								
计算值								
误　差								

5.6 实验三 等效电源定理的研究

一、实验目的

① 加深理解戴维南定理与诺顿定理；

② 学习戴维南等效电路参数的测量方法；

③ 了解负载获得最大功率的条件；

④ 学习间接测量的误差分析方法。

二、实验任务

1. 测试线性有源二端网络的戴维南等效电路参数

自行设计一个至少含有两个独立电源、两个网孔的有源线性二端网络的实验电路。至少用两种不同的方法测量戴维南等效参数。

2. 线性有源二端网络端口伏安特性测试及观察负载的最大功率

仍然使用实验任务 1 设计的线路，改变负载电阻 R_L，测量记录对应的 U、I 值，找出负载上获得最大功率时的 R_L 值，试比较 R_L 和 R_{eq} 的关系，并作出 $U-I$ 曲线和 R_L-P 曲线。

3. 测试诺顿等效电路的外特性

利用上面已测的短路电流 I_{sc} 和等效内阻 R_{eq}，搭建诺顿等效电路，加载测量其端口 U、I 值，作出等效网络端口的伏安特性曲线，并观察该曲线是否与实验任务 2 中原网络端口的伏安特性曲线重合。

4. 分析测量误差

对实验任务 1 中采用开路短路法间接测量得到的等效内阻 R_{eq} 进行误差分析。

三、实验方法与误差分析

1. 实验方法参考

有源线性二端网络如图 5－13 所示，其等效电路如图 5－14 所示。通常运用戴维南定理等效时，测量开路电压 U_{OC} 及等效电阻 R_{eq} 的方法如下：

(1) 开路短路法

在图 5－13 中，将有源二端网络输出端(a、b 端)开路，用电压表直接测 a、b 端的开路电压 U_{OC}，然后再将其输出端短路，用电流表测量短路电流 I_{SC}，可得到等效内阻 $R_{eq}=U_{OC}/I_{SC}$。

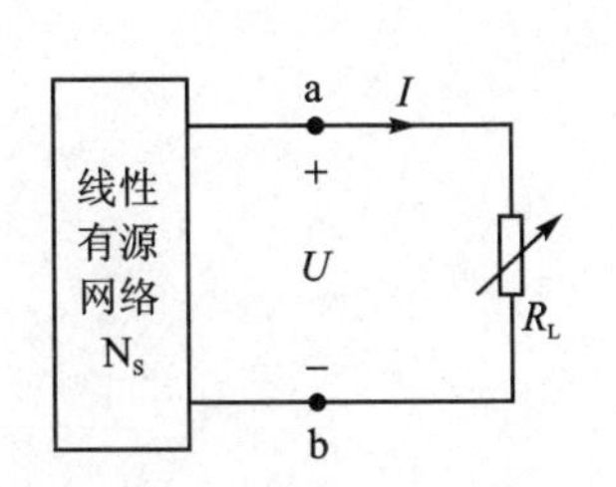

图5-13 有源线性二端网络

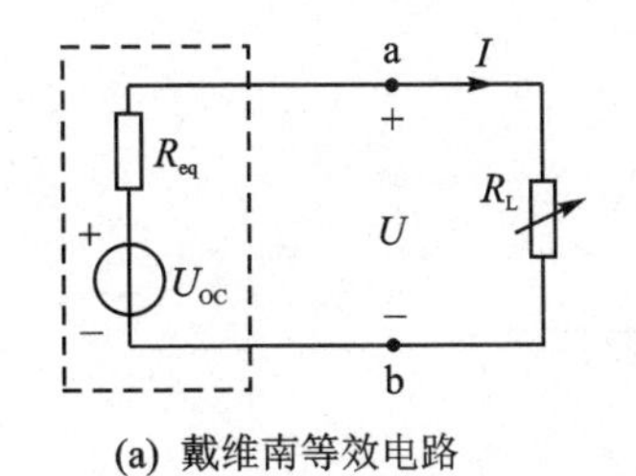

(a) 戴维南等效电路

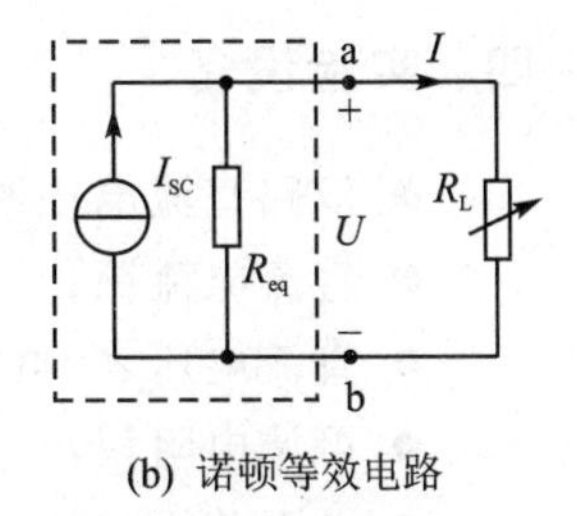

(b) 诺顿等效电路

图5-14 戴维南等效电路与诺顿等效电路

(2) 半电压法

在图5-13中，测出开路电压U_{OC}后，接负载电阻R_L。调节R_L，测量负载电阻R_L的电压U，若$U=\frac{1}{2}U_{OC}$，则$R_{eq}=R_L$。

(3) 两点法

若R_{eq}过小，那么短路电流I_{SC}会很大，这时候就不能测量短路电流，只可测量网络的外特性曲线(如图5-15所示)上除端点外的任两点的电流I_1、I_2和电压U_1、U_2(即改变R_L两次，分别测量I、U)，然后利用式(5-1)计算得出R_{eq}和U_{OC}。

$$\begin{cases} U_{OC}=U_1+I_1R_{eq} \\ U_{OC}=U_2+I_2R_{eq} \end{cases} \tag{5-1}$$

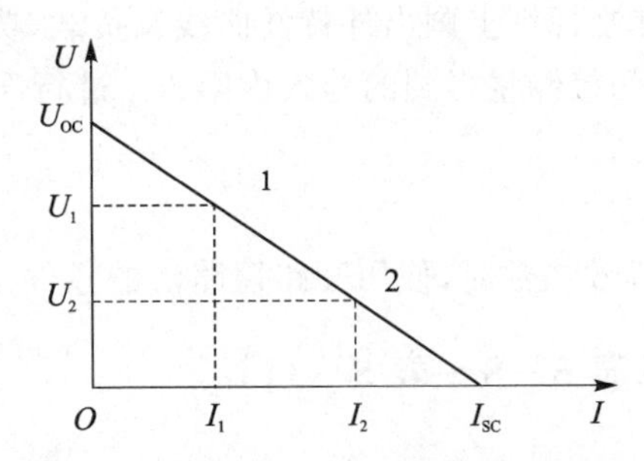

图5-15 有源线性二端网络的外特性曲线

2. 误差分析

对间接测量的误差分析，可参考3.5节。对开路短路法的误差分析，由$R_{eq}=U_{OC}/I_{SC}$得

$$\Delta R_{eq}=\pm\left(\frac{\Delta U_m}{U_{OC}}+\frac{\Delta I_m}{I_{SC}}\right)\times\frac{U_{OC}}{I_{SC}} \tag{5-2}$$

式中，

$\Delta U_m=U_{OC}$的测量值$\times a\%$ + 量程$\times b\%$

$\Delta I_m=I_{SC}$的测量值$\times a\%$+量程$\times b\%$

四、实验设备

- 双路直流电压源；
- 直流电流源；
- 直流电压表、电流表；
- 可调电阻箱；
- 电阻若干；
- 短接桥；
- 细导线；
- 9孔插件方板。

五、注意事项

在自行设计的电路中，电压源的选取不要超过10 V，电流源的选取不要超过10 mA，并注意选择合适的电阻元件参数，确保电阻工作时的功率不超过其额定功率。

六、实验报告要求

① 预习报告的要求：实验名称、实验内容、实验线路、电路元件和电源的参数。

② 写实验报告时，在坐标纸上画出外特性曲线及负载-功率曲线。

③ 对开路短路法中间接测量得到的等效内阻 R_{eq} 进行误差分析。

七、思考题

在测量计算戴维南等效参数时，使用开路短路法的条件是什么？

八、实验参考表格(见表5-8～表5-11)

表5-8　两点法测等效参数

<table>
<tr><td rowspan="2">数据
负载/Ω</td><td colspan="2">测量值</td><td colspan="2">计算值</td><td>理论值</td></tr>
<tr><td>U/V</td><td>I/mA</td><td>U_{OC}</td><td>R_{eq}</td><td rowspan="3">$U_{OC}=$
$R_{eq}=$
$I_{SC}=$</td></tr>
<tr><td>$R_{L1}=$</td><td></td><td></td><td rowspan="2"></td><td rowspan="2"></td></tr>
<tr><td>$R_{L2}=$</td><td></td><td></td></tr>
</table>

表 5-9 开路短路法测等效电阻

数据 负载/Ω	测量值		计算值	理论值
	U/V	I/mA	$R_{eq}=U_{OC}/I_{SC}$	$U_{OC}=$ $R_{eq}=$ $I_{SC}=$
$R_{L1}=\infty$		—		
$R_{L2}=0$	—			

表 5-10 验证最大功率

R_L/Ω		0											
测量值	U/V												
	I/mA												
计算值 P/W													

表 5-11 诺顿等效电路和原网络的伏安特性测试

R_L/Ω 测量值		0	R_{L1}	R_{L2}	R_{L3}	R_{L4}	∞
诺顿等效电路	U/V						
	I/mA						
原网络	U/V						
	I/mA						

第6章　正弦交流电路

6.1　交流电流的测量

普通电工电路中，一般的交流电流可采用电磁式交流电流表测量，也可用数字式电流表测量，测量时电流表应串联在被测线路中。

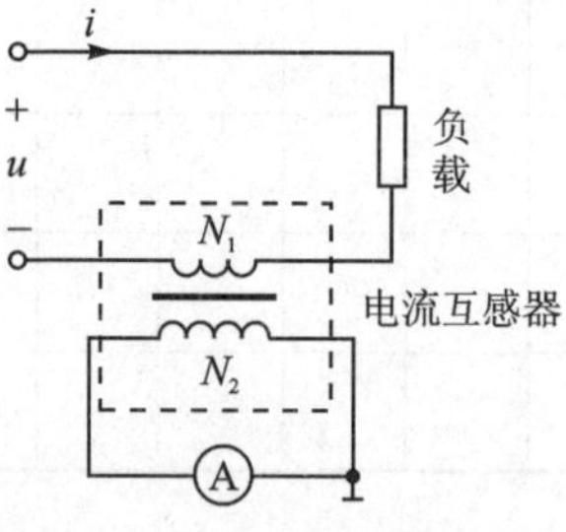

图6-1　电流互感器测大电流

测量工频大电流时，通常采用电流互感器测量，如图6-1所示。测量时，电流互感器一次绕组（匝数为N_1，较少）串联在待测线路中，二次绕组（匝数为N_2，较多）端接普通交流电流表，电流表读数乘以N_2/N_1，即为待测大电流。使用电流互感器时，二次绕组侧需接地，且不能开路，否则将产生高压，危及设备和人身安全。

6.2　交流电压的测量

普通电工电路中，交流电压采用电磁式交流电压表测量，测量时应与被测线路并联。值得一提的是，交流电压表也是采用串联电阻的方法扩大量程，由于电压表本身要从被测电路中吸收一定的电流和功率，因此此类电压表不适用于小功率电路（尤其是电子电路）测量；交流电压也可用万用表或示波器测量。

测量工频高电压时，通常采用电压互感器测量，如图6-2所示。测量时，电压互感器一次绕组（匝数为N_1，较多）并联在待测线路中，二次绕组（匝数为N_2，较少）端接普通交流电压表，电压表读数乘以N_1/N_2，即为待测高电压。使用电压互感器时，二次绕组侧需接地，且不能短路，否则危及设备和人身安全。

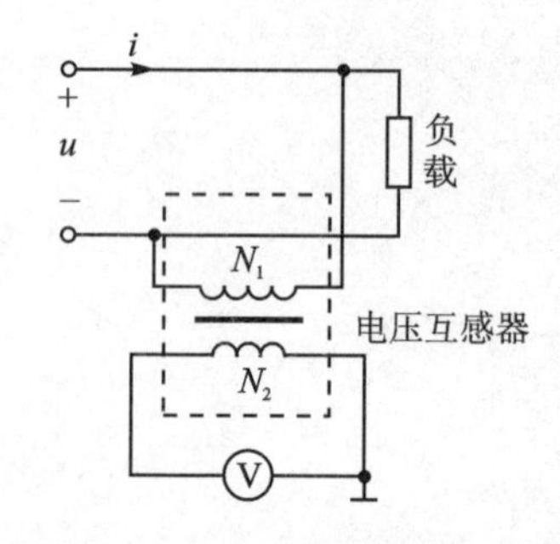

图6-2　电压互感器测高电压

在电子电路中，因交流电压频率变化范围宽，或为非正弦交流信号，电压幅值低等，故在测量时，需要考虑输入阻抗大、频率响应宽、测量精度高的仪表。

① 用万用表交流电压挡测量　优点是：输入阻抗较高，对原电路影响较小。缺点是：频率响应范围45 Hz～1 kHz不够宽；不适用于测量毫伏级或

微伏级电压。

② 用交流毫伏表测量　特点是：输入阻抗高，量程范围广，频率响应宽；实验室提供的GVT-417B交流毫伏表可测电压范围为300 μV～100 V，频率范围为10 Hz～1 MHz。

③ 用示波器测量　特点是：可测各种波形的电压，速度快，但误差较大。

6.3　单相功率的测量

正弦交流电路中，测量单相负载功率常用电动式功率表(又称瓦特表)。电动系仪表用到两个线圈：动圈和定圈。功率表内的定圈为电流线圈，与负载串联在一起；动圈为电压线圈，与负载并联在一起。使用时接线必须正确，如图6-3所示。功率表中的电压线圈和电流线圈，一端通常标有“*”“±”“↑”等特殊标记，表示同名端。

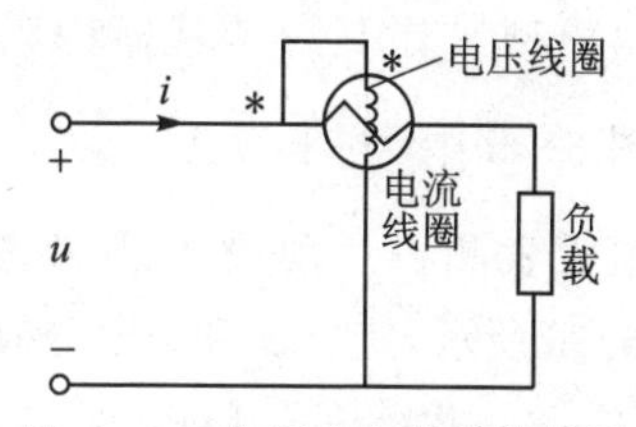

图6-3　单相功率表的接线图

以“*”为例，功率表标有“*”的电流线圈端必须接至电源端，电流线圈另一端接至负载。功率表标有“*”的电压端通常和电流线圈的“*”端短接在一起，而另一电压端则跨接到负载的另一端。

如果功率表一个线圈极性接错，则功率表的活动部分会朝相反方向偏转。如果两个线圈极性均接错，虽然功率表的活动部分不会朝相反方向偏转，但会引起测量误差或损坏功率表。如果电压线圈和电流线圈接错，则电流线圈将被烧坏。

功率表在使用时应正确选择电压线圈和电流线圈量程。功率表中通常有2个电流线圈，电流线圈并联时的量程是电流线圈串联时的2倍，如串联时电流量程为0.5 A，则并联时电流量程为1 A；电压线圈采用分压电阻抽头的方法得到多种电压量程，如75 V、150 V、300 V。例如，根据电路预算，负载电流为0.4 A，电压为220 V，则功率表电流量程应取0.5 A(线圈串联)，电压量程应取300 V，单相功率表实际接线如图6-4所示。

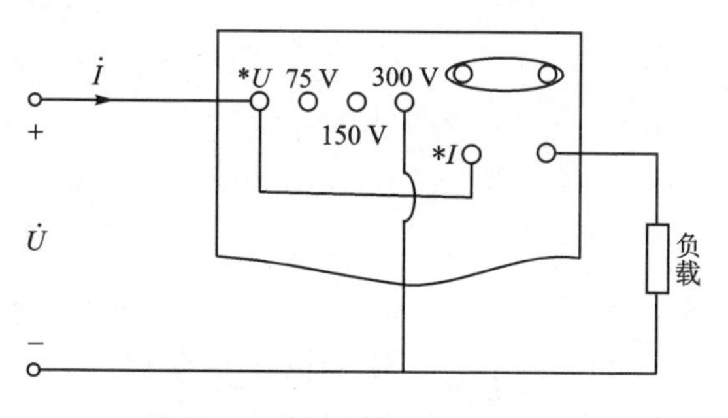

图6-4　单相功率表实际接线图

图 6-3 中,功率表读数 P 为

$$P = UI\cos\varphi \tag{6-1}$$

式中,φ 为电路中电压和电流的相位差。

6.4 线圈参数的测量

在正弦交流电路中,测试较大型线圈的阻抗参数,可采用相量法或三表法。

1. 相量法

电路如图 6-5 所示,R 为已知电阻,虚线框中电阻 r 和电感 L 串联为线圈等效电路模型。其中,r 为线圈内阻,L 为线圈自感量,r 和 L 即为线圈待测参数。在电路图 6-5 中,电压 $\dot{U}$、$\dot{U}_R$、$\dot{U}_{Lr}$ 的大小均可用交流电压表测得,电流 $\dot{I}$ 的大小可用交流电流表测得。现设 $\dot{I}$ 为参考相量,则由 KVL 方程 $\dot{U}=\dot{U}_R+\dot{U}_{Lr}$ 得到相量图,如图 6-6 所示,其中 φ 和 φ_{Lr} 分别为总电路阻抗角和线圈阻抗角。最后,结合式(6-2)、式(6-3)、式(6-4)和式(6-5),就可以得到线圈参数 L 和 r。这种测量方法属于间接测量法。

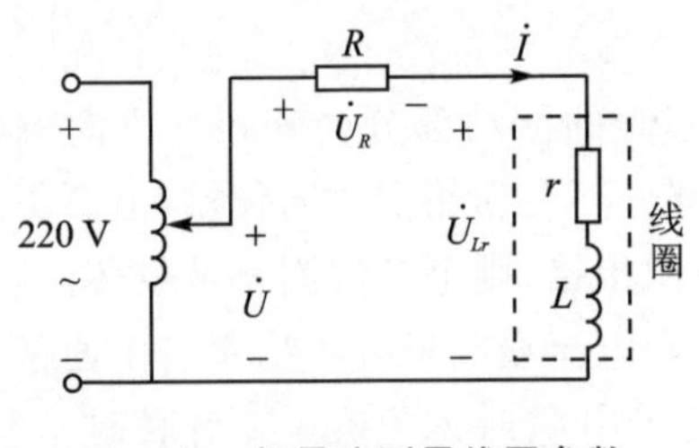

图 6-5 相量法测量线圈参数

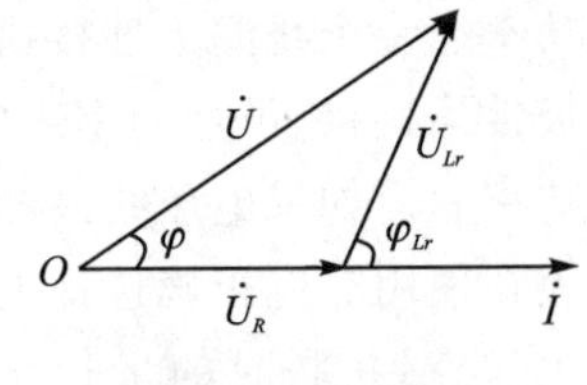

图 6-6 相量图

由余弦定理得

$$\cos\varphi_{Lr} = \frac{U^2 - U_R^2 - U_{Lr}^2}{2U_R U_{Lr}} \tag{6-2}$$

线圈阻抗模

$$|Z_{Lr}| = \frac{U_{Lr}}{I} \tag{6-3}$$

线圈内阻

$$r = |Z_{Lr}|\cos\varphi_{Lr} \tag{6-4}$$

线圈电感

$$L = \frac{|Z_{Lr}|\sin\varphi_{Lr}}{\omega} \tag{6-5}$$

测量时应注意,电路中单相调压器一定要从零开始逐渐增加至电压预定值,且电阻大小要适当,以确保电路电流不超过功率表电流线圈允许通过的最大电流量程。

2. 三表法

电路如图 6 - 7 所示，用电压表、电流表、功率表分别测量线圈电压、电流、功率，再利用式(6 - 6)、式(6 - 7)、式(6 - 8)，即可得到线圈参数 r 和 L。这种测量方法仍属于间接测量法。

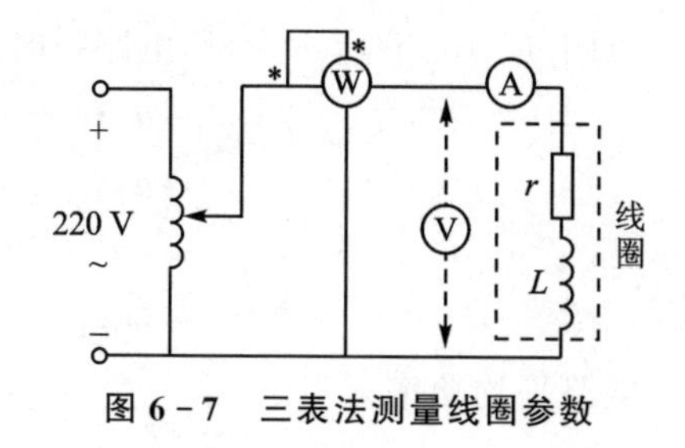

图 6 - 7　三表法测量线圈参数

线圈阻抗模

$$|Z_{Lr}| = \frac{U}{I} \tag{6-6}$$

线圈内阻

$$r = \frac{P}{I^2} \tag{6-7}$$

线圈电感

$$L = \frac{\sqrt{|Z_{Lr}|^2 - r^2}}{\omega} \tag{6-8}$$

同样，测量时，单相调压器要从零开始逐渐增加至预定值，以确保电路电流不超过功率表电流线圈允许通过的最大电流量程。

6.5　三相功率的测量

1. 测量三相四线制电路的有功功率

如果三相负载对称，则可用一表法测量任一相功率，如图 6 - 8 所示。假设图 6 - 8 中功率表读数为 P，则三相负载总有功功率 $P_{总} = 3P$。如果三相负载不对称，则用三表法测量，如图 6 - 9 所示。若功率表读数分别为 P_1、P_2、P_3，则三相负载总有功功率 $P_{总} = P_1 + P_2 + P_3$。

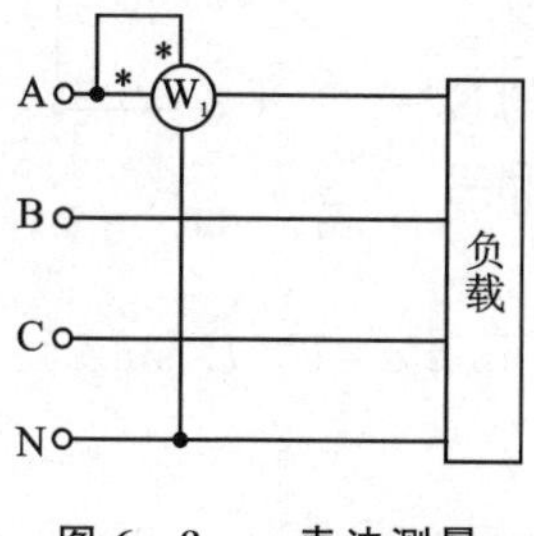

图 6 - 8　一表法测量

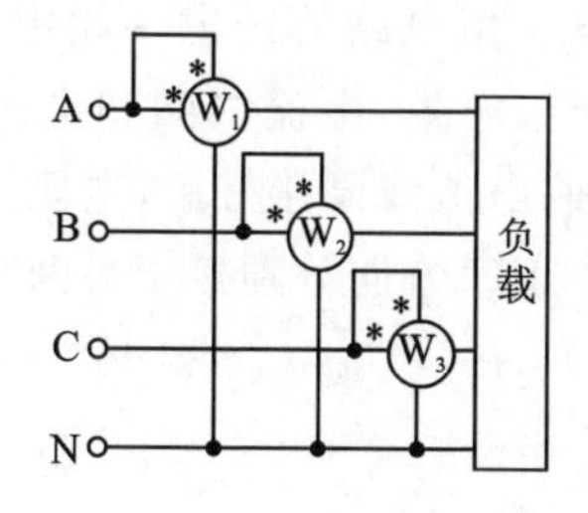

图 6 - 9　三表法测量

2. 测量三相三线制电路的有功功率

在三相三线制电路中，无论负载对称不对称，均可用“二表法”测量三相负载总有功功率，如图 6－10 所示。

以图 6－10(b)所示为例，电路瞬时功率

$$\begin{aligned} p(t) &= u_A i_A + u_B i_B + u_C i_C \\ &= u_A i_A + u_B i_B + u_C(-i_A - i_B) \\ &= (u_A - u_C) i_A + (u_B - u_C) i_B \\ &= u_{AC} i_A + u_{BC} i_B \end{aligned} \tag{6-9}$$

电路平均功率

$$P = \frac{1}{T}\int_0^T p(t)\,\mathrm{d}t = P_1 + P_2 \tag{6-10}$$

由式(6－10)可知，若功率表读数分别为 P_1 和 P_2，则三相负载总有功功率 $P_{总} = P_1 + P_2$。注意：二表法测量时，每一块功率表读数没有具体含义，三相电路总有功功率为两块功率表读数的代数和。

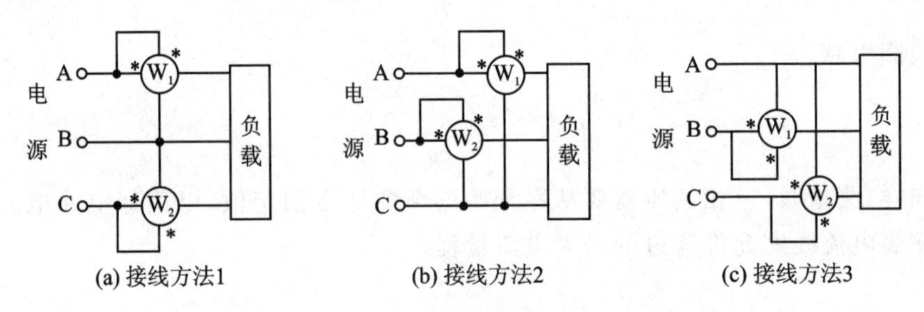

图 6－10　二表法测量功率常见的三种接线方法

3. 测量三相三线制电路无功功率

在三相三线制电路中，负载无功功率的测量与有功功率一样，也有专门的三相无功功率表。这里介绍常见的用单相有功功率表来间接测量对称三相负载三相无功功率的方法，常用的方法有“一表跨相法”和“二表法”。

(1) 一表跨相法

一表跨相法接线如图 6－11 所示。功率表的电流线圈串接在三相电路的任意一相中，电压线圈跨接在其余两相上。注意：电流线圈和电压线圈同名端的接线必须正确；电流线圈接好后，电压线圈的“ * ”端和另一端必须按正序方向分别接于另两相中。此时，

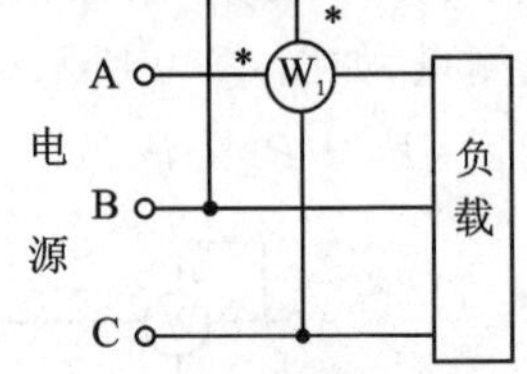

图 6－11　一表跨相法测量

$$P = U_{BC}\ I_A \cos(90° - \varphi_A) = U_{BC}\ I_A \sin\varphi_A = U_L\ I_L \sin\varphi \tag{6-11}$$

$$Q = \sqrt{3} U_L\ I_L \sin\varphi \tag{6-12}$$

由式(6－11)、式(6－12)可知，功率表读数 P 乘以 $\sqrt{3}$ 就可以得到三相对称负载的无功功率值，即数值上满足 $Q = \sqrt{3} P$。

（2）二表法

当三相负载对称时，可利用有功功率二表法的读数间接测量三相三线制负载的无功功率。用二表法测量有功功率时，设两功率表读数分别为 P_1 和 P_2，则

$$\begin{aligned} P_1-P_2 &= [U_L I_L \cos(30°-\varphi)] - [U_L I_L \cos(30°+\varphi)] \\ &= U_L I_L \cos(30°-\varphi) - U_L I_L \cos(30°+\varphi) \\ &= U_L I_L \sin\varphi \end{aligned} \tag{6-13}$$

由式（6－13）可知，若将功率表读数之差乘以$\sqrt{3}$就可以得到三相对称负载的无功功率，即数值上满足 $Q=\sqrt{3}(P_1-P_2)$。

6.6　实验四　线圈参数的测量

一、实验目的

① 加深对交流基尔霍夫电压定律的理解；

② 学习使用交流电流表、交流电压表及单相功率表等；

③ 掌握单相调压器的正确使用方法。

二、实验任务

预习有关理论部分的知识，根据实验任务写出预习报告，设计实验电路的相关参数，制定实验步骤。

1. 相量法测量线圈参数

线圈是一个含有内阻的实际电感（可用日光灯镇流器），现提供单相调压器、交流电流表和交流电压表。实验线路如图 6－5 所示，试测量镇流器电感量 L 和内阻 r，并画出相应的相量图。

2. 三表法测量线圈参数

线圈仍采用日光灯镇流器，现提供单相调压器、交流电流表、交流电压表和单相功率表。实验线路如图 6－7 所示，试测量镇流器电感量 L 和内阻 r。

三、实验方法参考

1. 相量法测量电感参数

相量法测量线圈参数的方法和原理可参考图 6－5。单相调压器输出约为 100 V，测量 U、U_R、U_{Lr}、I 后，利用式（6－2）、式（6－3）、式（6－4）和式（6－5）求出 L 和 r。为减小误差，可改变单相调压器输出，重新测量计算，最后求取 L 和 r 的平均值。

2. 三表法测量电感参数

三表法测量线圈参数的方法和原理可参考图 6－7。单相调压器输出约为

100 V，测量 U、P、I 后，利用式(6-6)、式(6-7)和式(6-8)求出 L 和 r。

四、实验设备

- 单相调压器；
- 单相电量仪(含交流电压表、电流表、功率表)；
- 日光灯镇流器；
- 电阻若干；
- 短接桥；
- 若干导线。

五、注意事项

① 本实验中电源电压较高，故必须严格遵守安全操作规程，以确保人身和设备安全。

② 接好线后，先检查，无误后通电；实验结束后，先断电，再拆线整理，严禁带电操作！

③ 通电前，单相调压器输出必须调至零位；通电后，再从零开始逐渐增加至100 V。每次做完实验，单相调压器输出均需归零。

六、实验报告要求

① 预习报告的要求：实验名称、实验内容、实验线路、电路元件和电源的参数。

② 写实验报告时，画出相应的相量图并在坐标纸上画出相应曲线。

七、思考题

1. 相量法和三表法是否适用于容性负载？
2. 当负载性质不明确时，如何判断是阻感性负载还是阻容性负载？

八、实验参考表格(见表6-1、表6-2)

表6-1 相量法测量电感参数

测量值				计算值				平均值
U	U_R	U_{Lr}	I/A	φ_{Lr}	$\lvert z_{Lr}\rvert$	r/Ω	L/H	$L=$ $r=$
100 V								
80 V								

表 6-2　三表法测量电感参数

测量值			计算值		
U	P	I/A	$\lvert z_{Lr}\rvert$	r/Ω	L/H
100 V					

6.7　实验五　日光灯功率因数的提高

一、实验目的

① 了解日光灯工作原理；

② 掌握提高功率因数的方法。

二、日光灯工作原理

日光灯电路的主要部件：

① 镇流器　一个带铁芯的自感线圈，自感系数很大。

② 启辉器　即启动器，主要是一个充有氖气的小氖泡，里面有两个电极，一个是静触片，另一个是由两个膨胀系数不同的金属制成的∩形动触片，如图 6-12(a)所示。∩形动触片为双层金属片，当温度升高时，因两层金属片的膨胀系数不同，且内层膨胀系数比外层膨胀系数高，所以动触片在受热后会向外伸展。

③ 日光灯管　主要是一根气体放电管，管内充有一定量的惰性气体(氩气)和少量的水银蒸气，内层均匀涂有一层荧光粉，灯管两端各有一个钨丝绕成的灯丝作为电极。

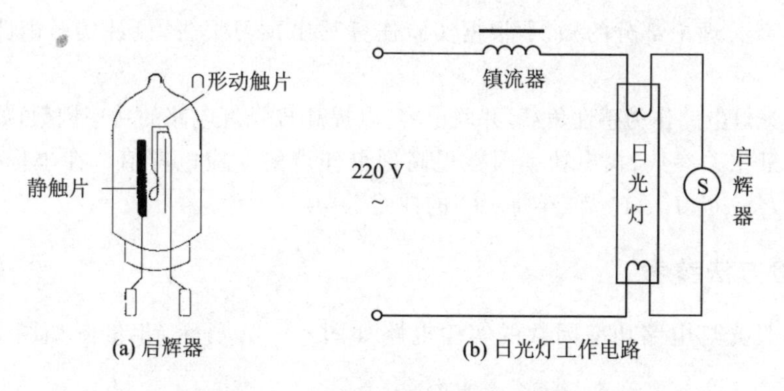

图 6-12　启辉器及日光灯工作电路

在图 6-12(b)所示的电路中，当接通电源时，电源电压立即通过镇流器和灯管灯丝加到启辉器的两极。220 V 的电压立即使启辉器的惰性气体电离，产生辉光放电。辉光放电的热量使启辉器双金属片受热膨胀,辉光产生的热量使∩形动触片膨胀伸长,与静触片接通,于是镇流器线圈和灯管中的灯丝就有电流通过。电流通过镇流器、启辉器触片和两端灯丝构成通路。灯丝很快被电流加热,发射出大量电子。这时,由于启辉器两极闭合,两极间电压为零,辉光放电消失,管内温度降低;双金属片自动复位,两极断开。在两极断开的瞬间,电路电流突然切断,镇流器产生很大的自感电动势,与电源电压叠加后作用于灯管两端。灯丝受热时发射出来的大量电子,在灯管两端高电压作用下,以极大的速度由低电势端向高电势端运动。在加速运动的过程中,碰撞管内氩气分子,使之迅速电离。氩气电离生热,热量使水银产生蒸气,随之水银蒸气也被电离,并发出强烈的紫外线。在紫外线的激发下,管壁内的荧光粉发出近乎白色的可见光。

镇流器在启动时产生瞬时高压,在灯管正常工作时起降压限流的作用,使电流稳定在灯管的额定电流范围内,此时,加在灯管上的电压低于电源电压。由于这个电压低于启辉器的电离电压,所以在灯管正常工作时,并联在两端的启辉器也就不再起作用了。启辉器中电容器的作用是避免产生电火花。

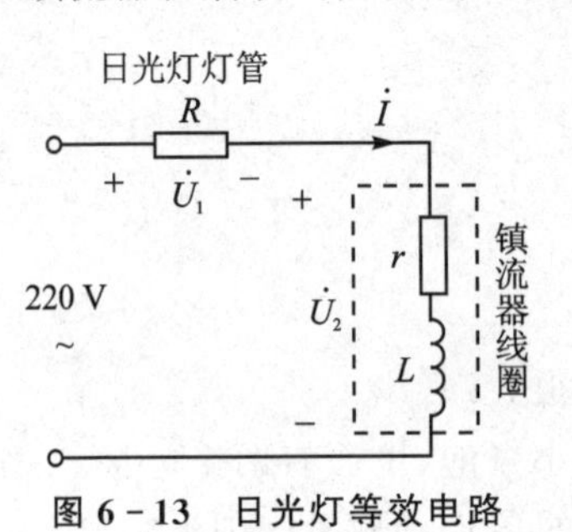

图 6-13　日光灯等效电路

灯管点亮后,可以认为是一个电阻负载,而镇流器是电感较大的感性负载,二者串联构成图 6-13 所示的等效电路。

如果日光灯电路消耗的有功功率为 P,则日光灯电路功率因数为

$$\cos\varphi=\frac{P}{UI}$$

三、实验任务

预习有关理论部分的知识,根据实验任务写出预习报告,设计实验电路,制定实验步骤。

用日光灯电路作为感性负载,并联电容,以提高日光灯电路的功率因数,如图 6-14 所示。测量相关参数,找出功率因数提高到最佳点的对应电容值。在坐标纸上绘制出 $I-C$、$I_{Lr}-C$、I_C-C 及 $\cos\varphi-C$ 的曲线。

四、实验方法参考

提高日光灯电路功率因数的实验电路如图 6-14 所示,相量图如图 6-15(a)所示。

五、实验设备

- 日光灯开关板;

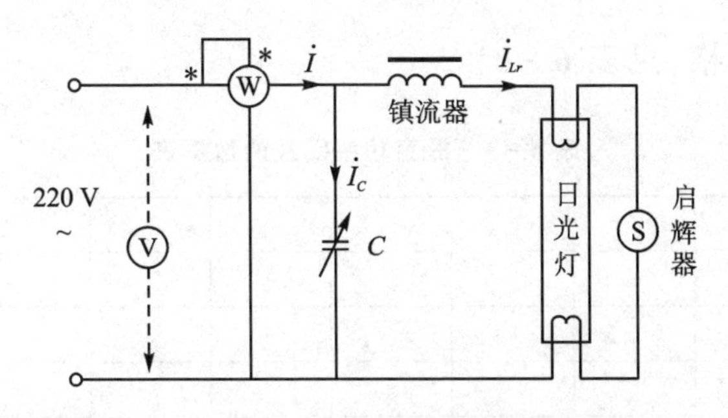

图 6－14　提高日光灯电路功率因数的实验电路

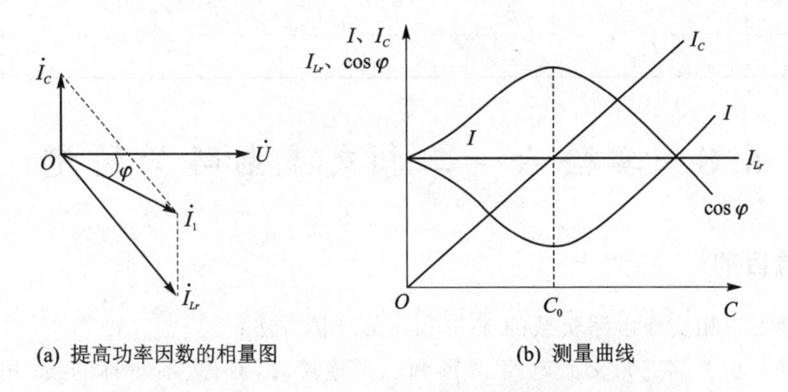

(a) 提高功率因数的相量图　　(b) 测量曲线

图 6－15　提高日光灯电路功率因数的相量图和测量曲线

- 日光灯镇流器板带电容；
- 单相电量仪(功率表)；
- 安全导线。

六、注意事项

① 本次实验中日光灯电路采用工频电源，连接线路和拆除电路时均应在拉闸断电的条件下进行，测量时务必注意安全。

② 日光灯电路功率因数提高中的电容必须选用耐压大于或等于 500 V 的器件。

七、实验报告要求

① 预习报告的要求：实验名称、实验内容及实验线路等。

② 写实验报告时，画出相应的相量图，并在坐标纸上画出相应的曲线。

八、思考题

1. 提高电路功率因数，为什么只用并联电容的方法，而不用串联电容的方法？
2. 提高后的功率因数是否越大越好？

九、实验参考表格(见表 6－3)

表 6－3　提高功率因数的数据表

$C/\mu F$	0				C_0				
P/W									
I/A									
I_C/A									
I_{Lr}/A									
U/V									
$\cos\varphi$									

6.8　实验六　三相交流电路的研究

一、实验目的

① 学习三相交流电路负载的 Y 形和△形连接方法；

② 进一步了解三相交流电路 Y 形和△形连接时，对称、不对称的线、相电压及线、相电流的关系；

③ 加深理解中线在三相电路 Y 形连接中的重要性。

二、实验任务

提供三相四线电网电源，白炽灯 6 个(220 V/40 W)，两个灯泡串联作为一组负载。根据任务拟出实验线路，并列出相应的测量表格。

1. 自拟三相负载 Y 形连接电路

① 负载对称时(用白炽灯作负载)，分别测量并记录有中线和无中线两种情况下的线、相电压及线、相电流的值，并分析它们之间的关系。

② 负载不对称时，重复上述测量，并在有中线时测量中线电流，在无中线时测量负载中点电位(负载中点和电源中点间的电压)。

2. 自拟三相负载△形连接电路

① 负载对称时，分别测量并记录线、相电压及线、相电流的值，并分析它们之间的关系。

② 负载不对称时，分别测量并记录线、相电压及线、相电流的值，并分析它们之间的关系。

三、实验方法参考

Y 形连接负载不对称时的情形

Y 形连接负载不对称且无中线时，将出现“中点偏移”现象，相量图如图 6－16 所示。

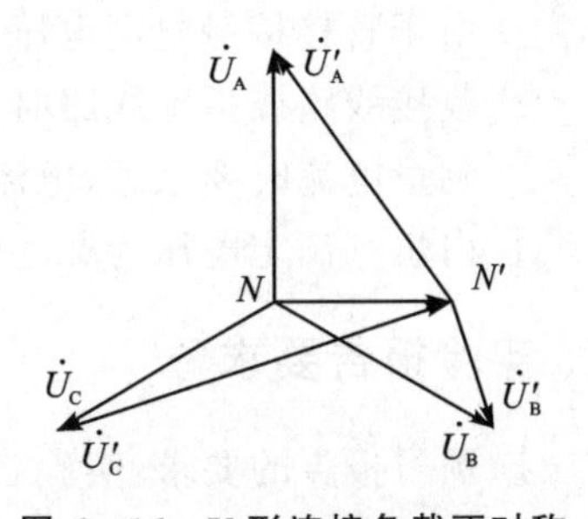

图 6－16　Y 形连接负载不对称且无中线时的相量图

四、实验设备

- 三相交流电源；
- 若干灯泡；
- 单相电量仪(电压表、电流表)；
- 安全导线与短接桥。

五、仿真示例

三相负载做 Y 形不对称连接的仿真电路如图 6－17 所示。

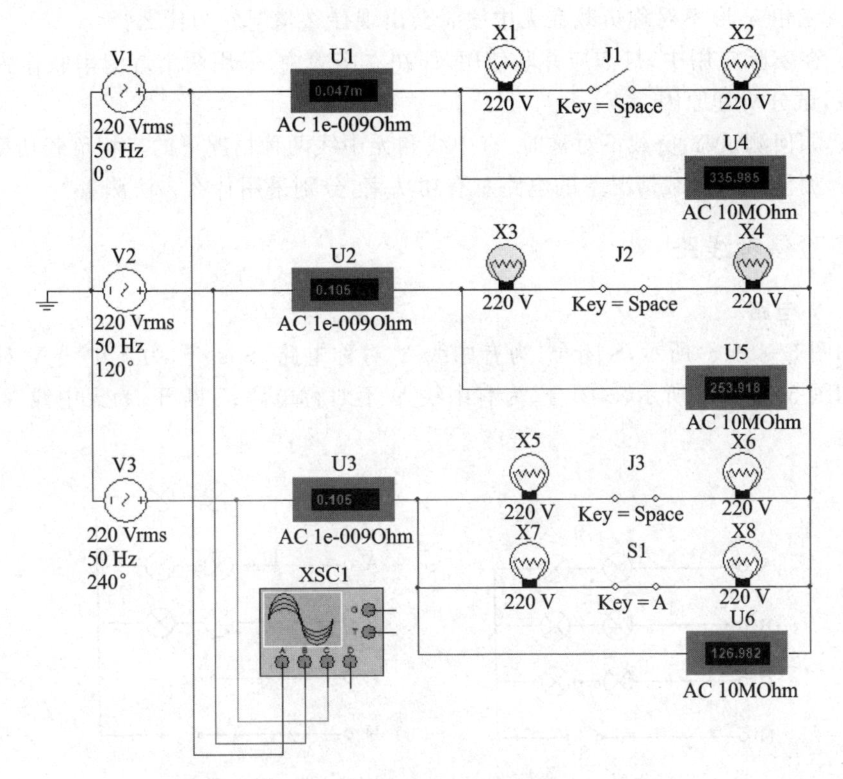

图 6－17　三相负载做 Y 形不对称连接的仿真电路

六、注意事项

① 由于直接接触电网电压，故务必注意安全。

② 改接线路或拆除线路时，必须先断开电源，以免发生触电事故！

③ 测量电流时要三思，电流表必须串联在电路中。

④ 白炽灯额定电压为 220 V。

七、实验报告要求

① 预习报告的要求：实验名称、实验内容及实验线路；

② 给出实验线路和实验表格。

八、思考题

1. 实验过程中，为什么采用两个灯泡串联作为一组负载，而不是直接用一个灯泡？

2. 三相 Y 形不对称负载在无中线时会出现什么情况？为什么？

3. 在实际应用中，灯泡应并联使用，而在本实验中，采用两个灯泡串联作为每组的负载，试分析其原因。

4. 如何测试 Y 负载不对称时，有中线和无中线两种情况下的三相负载功率？

5. 测量不同负载情况下的电路总有功功率，分别采用什么方法测量？

九、实验参考线路

1. Y 电路

如图 6－18(a)所示，S 闭合，为有中线 Y 对称电路；S 断开，为无中线 Y 对称电路。如图 6－18(b)所示，S 闭合，为有中线 Y 不对称电路；S 断开，为无中线 Y 不对称电路。

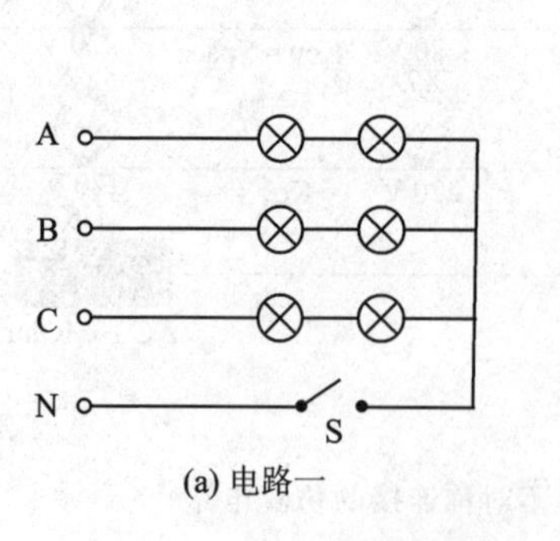

(a) 电路一

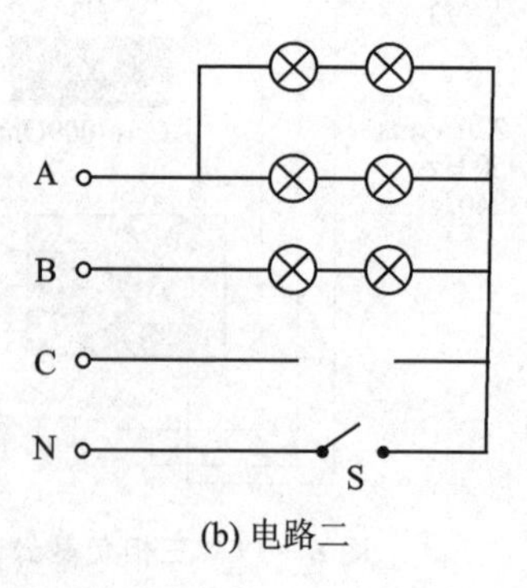

(b) 电路二

图 6－18　Y 电路

2. △形电路

图 6－19 所示为对称△形电路与不对称△形电路。

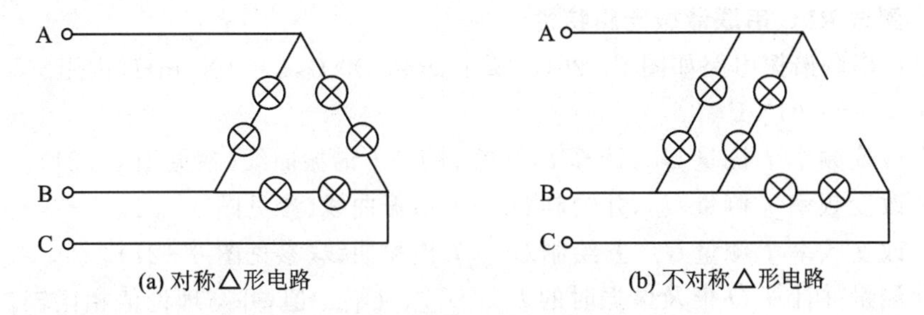

(a) 对称△形电路　(b) 不对称△形电路

图 6－19　对称△形电路与不对称△形电路

十、实验参考表格(见表 6－4、表 6－5)

表 6－4　Y 形连接

测量 / 中线		线电压/V			相电压/V			线(相)电流/mA			Y 负载中点电位/V	中线电流/mA
		U_{AB}	U_{BC}	U_{CA}	U'_A	U'_B	U'_C	I_A	I_B	I_C		
负载对称	有										×	
	无											×
负载不对称	有										×	
	无											×

表 6－5　△形连接

测量 / 负载	线电流/mA			相电流/mA			线(相)电压/V		
	I_A	I_B	I_C	I_{AB}	I_{BC}	I_{CA}	U_{AB}	U_{BC}	U_{CA}
负载对称									
负载不对称									

6.9　实验七　正弦稳态谐振电路的研究

一、实验目的

① 研究正弦稳态下单回路谐振电路的特性；

② 学习谐振曲线的测量方法。

二、实验任务

1. 测试 RLC 串联谐振电路特性

RLC 串联谐振电路如图 6－20(a)所示，$R=100\ \Omega$，$L=100\ \text{mH}$(内阻 $r\leqslant 10\ \Omega$，可忽略)，$C=0.01\ \mu\text{F}$。

① 改变频率 f 测量 U_R，计算 I，并绘制 $I-f$ 谐振曲线(参见图 6－21)。

② 改变频率 f 测量 U_C，并绘制 U_C-f 谐振曲线(参见图 6－21)。

③ 改变频率 f 测量 U_L，并绘制 U_L-f 谐振曲线(参见图 6－21)。

④ 测量并计算 Q 值及谐振时的 $I_{\max}$、$U_{C\max}$、$U_{L\max}$ 值，并与理论值相比较。

2. 设计 RLC 并联谐振电路参数

谐振频率 f_0 为 500～1 kHz，其他参数自选，但要求品质因数 Q 略大于 3。RLC 并联谐振电路如图 6－20(b)所示。

① 列表点测并绘制 $I-f$ 谐振曲线。

② 在谐振时测量计算 Q 值，与理论值相比较。

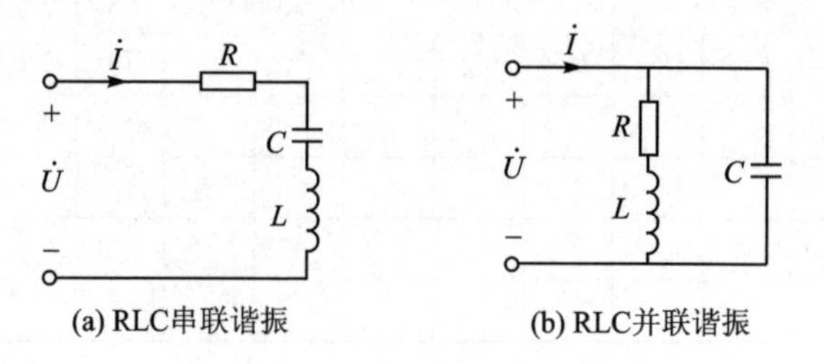

(a) RLC串联谐振　　(b) RLC并联谐振

图 6－20　RLC 谐振电路

三、RLC 串联谐振电路的参数分析

1. 品质因数 Q 的理论值

$$Q=\frac{1}{R+r}\sqrt{\frac{L}{C}}$$

2. $U_{C\max}$ 的理论值

$$U_{C\max}=\frac{QU}{\sqrt{1-\dfrac{1}{4Q^2}}}$$

出现在 $\omega_C=\omega_0\sqrt{1-\dfrac{1}{2Q^2}}$ 处($\omega_C<\omega_0$)。

3. $U_{L\max}$ 的理论值

$$U_{L\max}=\frac{QU}{\sqrt{1-\dfrac{1}{4Q^2}}}$$

出现在 $\omega_L=\omega_0\sqrt{\dfrac{2Q^2}{2Q^2-1}}$ 处（$\omega_L>\omega_0$）。

由此可见，$U_{L\max}=U_{C\max}$。当 Q 很大时，两个极大值的频率向谐振频率靠近；当 $Q\leqslant 0.707$ 时，U_C 和 U_L 都无极大值。

4．串联谐振电路的谐振曲线

RLC 串联谐振电路的曲线如图 6－21 所示。其中 $I-f$ 曲线上 f_0 对应的电流为电流最大值，f_0 即为谐振频率；U_C-f 曲线上 f_C 对应的电压为电容电压最大值 $U_{C\max}$；U_L-f 曲线上 f_L 对应的电压为电感电压最大值 $U_{L\max}$。

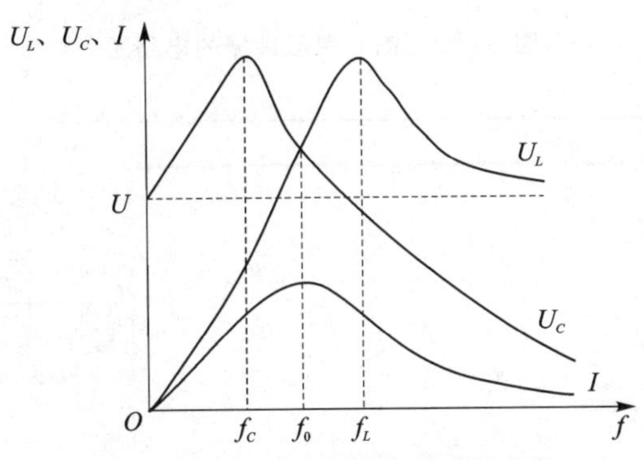

图 6－21　RLC 串联谐振电路的曲线

四、实验设备

- 函数电源；
- 交流毫伏表；
- 电感若干；
- 电阻若干；
- 电容若干；
- 短接桥；
- 细导线；
- 9 孔插件方板。

五、仿真示例

构建一个 RLC 串联谐振电路，如图 6－22 所示。图 6－22 中，XBP2 是波特图仪，可以用来测量显示电路或系统的幅频特性和相频特性。

开始仿真后，得到的 RLC 串联谐振电路的幅频特性如图 6－23 所示。拖动测试标记线，可以看到 RLC 串联谐振电路的谐振频率为 1 075 Hz。此时按下 Phase 按键，可以得到 RLC 串联谐振电路的相频特性，如图 6－24 所示。同样，拖动测试标记线，可以看到 RLC 串联谐振电路的谐振频率为 1 075 Hz。

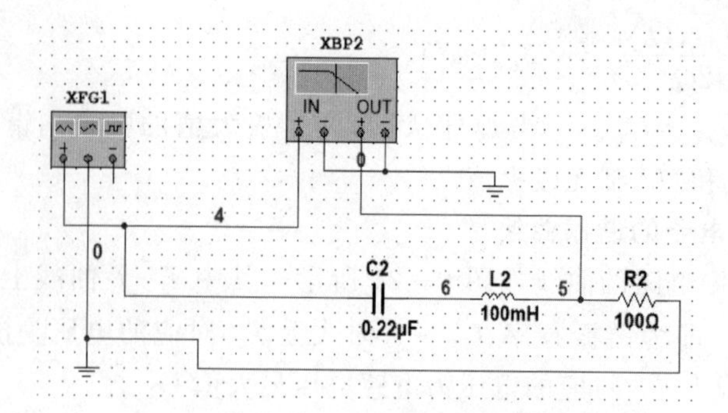

图 6－22　RLC 串联谐振的电路图

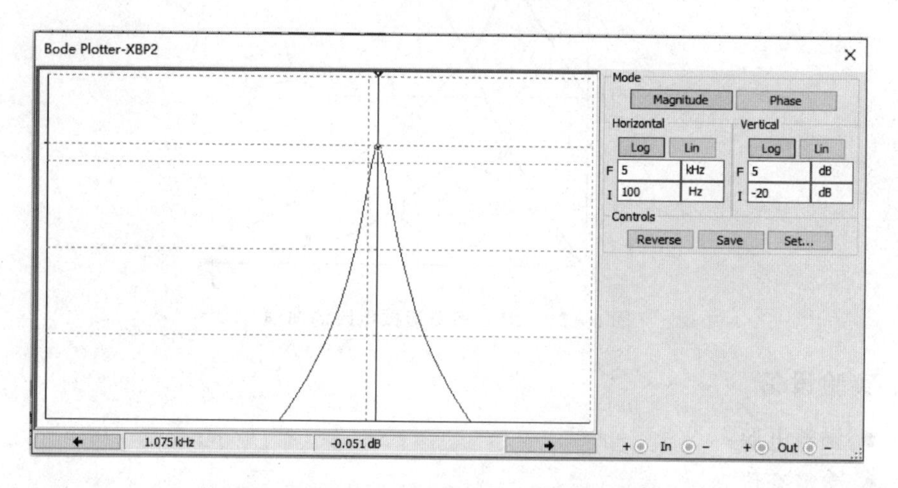

图 6－23　RLC 串联谐振电路的幅频特性

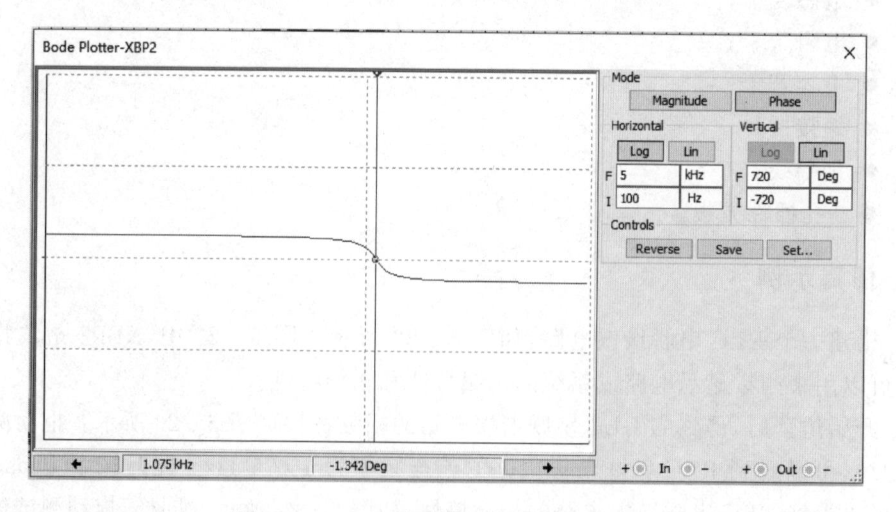

图 6－24　RLC 串联谐振电路的相频特性

也可以用另一种方法分析。启动 Simulate 菜单中的 Analyses and simulation→AC Sweep，在 Output 标签页中设置：Selected variables for analysis 为节点 V(5)，如图 6-25 所示。单击对话框中的 Run 按钮，出现 Grapher View 窗口，仿真结果如图 6-26 所示。

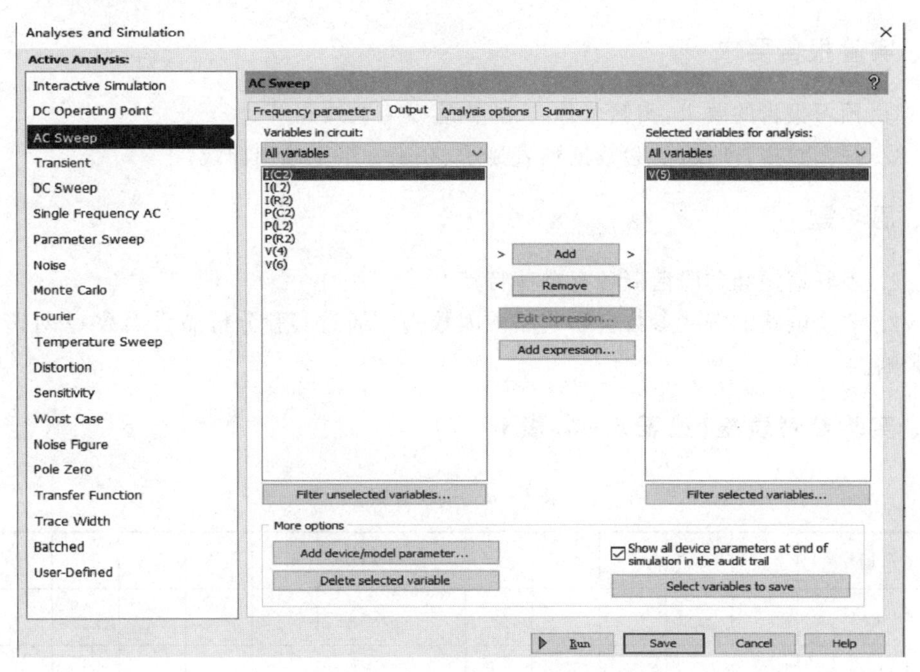

图 6-25　Output 标签页

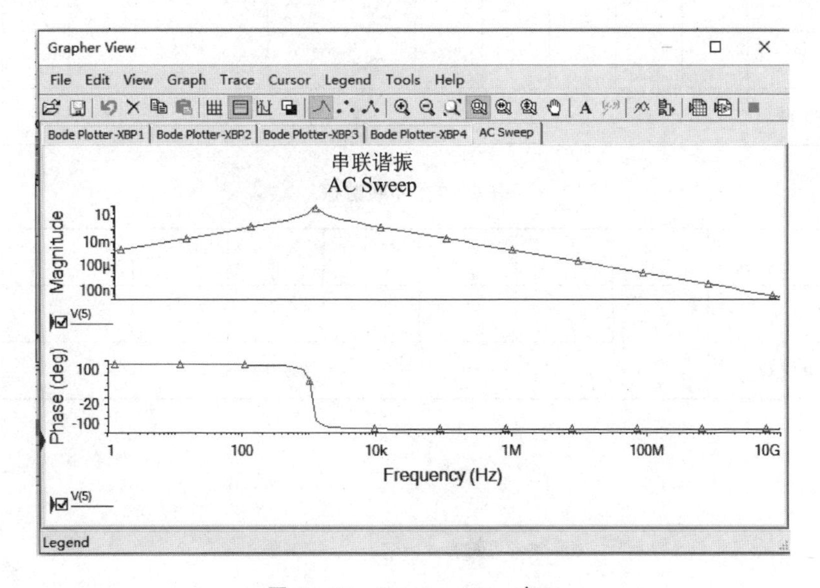

图 6-26　Grapher View 窗口

六、注意事项

① 实验中，改变函数电源频率时，要保持输出幅度不变(参考值 $U_{pp}=5$ V)。

② 测量频率点应在谐振频率附近多取几点。

七、实验报告要求

① 预习报告的要求：实验名称、实验内容及实验线路等。

② 写实验报告时将实验数据列表显示，在坐标纸上画出曲线。

八、思考题

1. 串联谐振和并联谐振各有哪些特点？

2. 改变电路的哪些参数会影响品质因数 Q？通过实验分析品质因数 Q 对谐振的影响。

九、实验参考表格(见表 6-6、表 6-7)

表 6-6　串联谐振

f/kHz	1	3.5	4.2	4.7	4.9	$f_0\approx5$ kHz	5.1	5.3	5.8	6.5	9
U_R/V											
I/mA											
U_C/V											
U_L/V											
计算值 Q											

表 6-7　并联谐振

f/Hz								
I/mA								
计算值 Q								

第7章 动态电路

在含有电感或电容的电路中，如果电路有换路现象（电路中，电源突变，电路结构发生改变，元件参数发生变化，等等，统称为换路），那么电路响应将会发生变化。由于电感、电容属储能元件，而储能元件的储能状态变化是一个连续变化的过程，因此，换路后，电路响应从一种稳定状态变化到另一种稳定状态必须经过一段时间的调整。通常，调整时间非常短暂。在调整过程中，电路的状态是不稳定的，因此，这个过程被称为暂态过程。在暂态过程中，电路中电压和电流的暂态分量有利有弊。有利的是，在电子领域，产生一些特殊波形（如三角波、锯齿波、触发脉冲等），形成脉冲振荡电路等；不利的是，可能会出现高电压或大电流，损坏电路或伤及工作人员等。因此，对电路暂态过程的观察和研究是非常有必要的。

7.1 用示波器观察波形

1. 用示波器观察波形

用示波器可以直观地观察波形的形状，测定波形的峰值及波形各部分的大小。尤其是在测量某些非正弦信号的峰值或某部分波形的大小时，就必须使用示波器进行测量了。

用示波器观察波形时，首先要校准信号，调节灵敏度，然后将被测信号接入Y输入端，从示波器显示屏上读出被测电压的高度（DIV格数），最终

被测电压幅值＝灵敏度（V/DIV）×高度（DIV格数）

使用示波器观察波形时，要注意示波器的接地端与信号源的接地端必须“共地”，即短接在一起。本章中，将使用TBS1000B示波器观察暂态响应波形，该示波器的使用方法详见附录A.2.1。

2. “共地”的情况

所谓“共地”，即线路中各台电子仪器的地端，按照信号的输入、输出顺序可靠地连接在一起（接线电阻和接触电阻越小越好）。电子测量和电工测量所用的仪器、仪表有所不同。从测量输入端与大地的关系看，电工仪表的两个输入端均与大地无关，即所谓的“浮地”测量，如万用表，万用表测量50 Hz电压时，两个表笔是可以互换的，互换后不会影响结果。但在电子测量中，由于被测电路工作频率高、线路阻抗大、信号弱、功率低等，所以电路抗干扰能力差。为了减小干扰，提高测量精度，大多数电子仪器均采用单端输入（输出）的方式。这类仪器的两个输入（输出）端中，一个为信号端，一个为接地端。接地端通常和仪器（仪表）的外壳相连，测量时，电路中所有的接

地端必须连在一起(“共地”);否则,将引入外界干扰,增大测量误差或错误。尤其当仪器的外壳通过电源接地时,若未“共地”,可能会导致被测信号短路,或者被测仪器或电路中的元器件毁坏。

7.2　实验八　一阶电路的暂态响应

一、实验目的

① 学习用一般电工仪表测定单次过程中一阶 RC 电路的零状态响应、零输入响应的方法;

② 学会从响应曲线中求出 RC 电路的时间常数 τ 的方法;

③ 观察 RL、RC 电路在周期方波电压作用下暂态过程的响应;

④ 掌握示波器的使用方法。

二、实验任务

预习有关理论部分的知识,根据实验任务写出预习报告,设计实验参数并制定测量步骤。

1. 测定 RC 一阶电路在单次过程的零状态响应

设计 RC 一阶零状态响应电路的参数,要求 τ 足够大(大于或等于 30 s)。用一般电工仪表逐点测出电路在换路后各时刻的电流、电压值(用秒表计时,也可用手机录像,然后回放,记录各时刻的电流、电压值)。

① 测定并绘制零状态响应的 i_C-t 曲线。在 $t=0$ 时刻换路,迅速用计时器(秒表)计时,每隔一定时间(根据 τ 设定时间间隔)列表读记 i_C 的值,并根据计时 t 和测量的 i_C 值,逐点描绘出 i_C-t 曲线。

② 测定并绘制零状态响应的 u_C-t 曲线。在 $t=0$ 时刻换路,迅速用计时器(秒表)计时,每隔一定时间(根据 τ 设定时间间隔)列表读记 u_C 的值,并根据计时 t 和测量的 u_C 值,逐点描绘出 u_C-t 曲线。

③ 通过描绘出的 i_C-t 曲线或 u_C-t 曲线,求时间常数 τ 值,并与理论值相比较。

2. 测定 RC 一阶电路在单次过程的零输入响应

设计 RC 一阶零输入响应电路的参数,要求 τ 足够大(大于或等于 30 s)。用一般电工仪表逐点测出电路在换路后各时刻的电流、电压值(或用手机录像,然后回放,记录各时刻的电流、电压值)。

① 测定并绘制零输入响应的 i_C-t 曲线;

② 测定并绘制零输入响应的 u_C-t 曲线。

3. 观察 RL、RC 一阶电路在周期函数作用下的响应

① 设计 RL 串联电路，用函数电源周期为 T 的正方波作激励，用示波器观察响应。改变 τ，观察响应的变化，说明当 $\tau \ll \frac{T}{2}$ 时 u_L 的波形和 $\tau \gg \frac{T}{2}$ 时 u_R 的波形。

② 设计 RC 串联电路，用函数电源周期为 T 的正方波作激励，用示波器观察响应。改变 τ，观察响应的变化，说明当 $\tau \ll \frac{T}{2}$ 时 u_R 的波形和 $\tau \gg \frac{T}{2}$ 时 u_C 的波形。

三、实验方法参考

① RC 零状态和零输入响应如图 7－1 和图 7－2 所示。

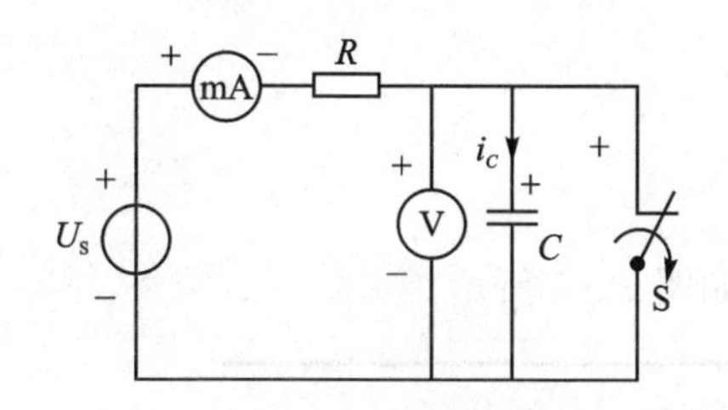

图 7－1　RC 零状态响应

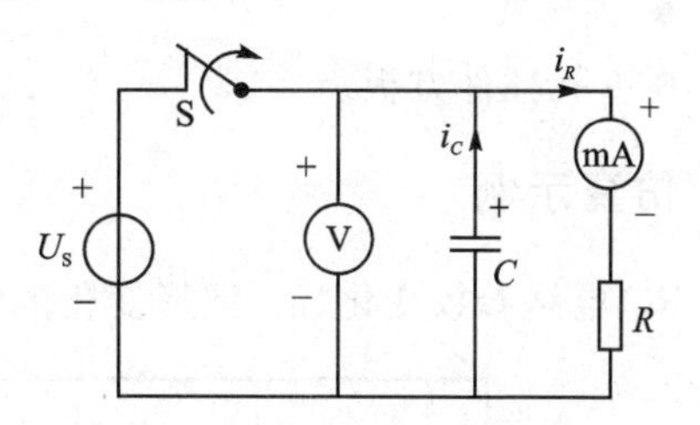

图 7－2　RC 零输入响应

② 在单次零状态响应过程中，电容充电的电流初始值为 I_0，t 与 τ、I 与 I_0 的关系见表 7－1。

表 7－1　τ、I 的关系

t	τ	2τ	3τ	4τ	5τ	…	∞
I	$0.368I_0$	$0.135I_0$	$0.05I_0$	$0.018I_0$	$0.007I_0$	…	0

③ 根据实验曲线求时间常数 τ。

当 $t=\tau$ 时，$i=\frac{U_S}{R}e^{-1}=0.368\frac{U_S}{R}$，即在 $0.368I_0$ 时，对应的时间就是 τ，如图 7－3所示。

④ u_C、i 随时间变化的曲线如图 7－4 所示。

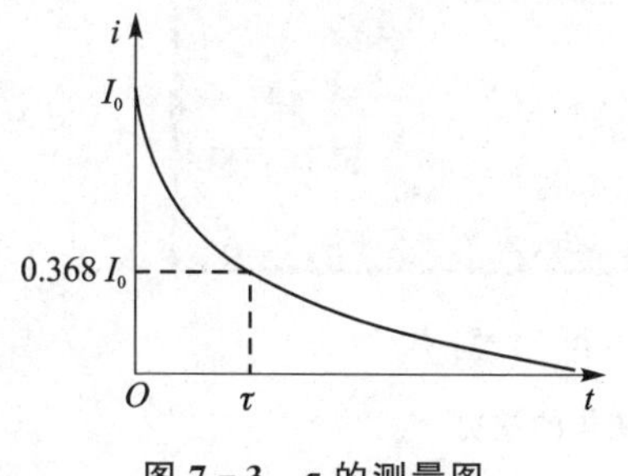

图 7－3　τ 的测量图

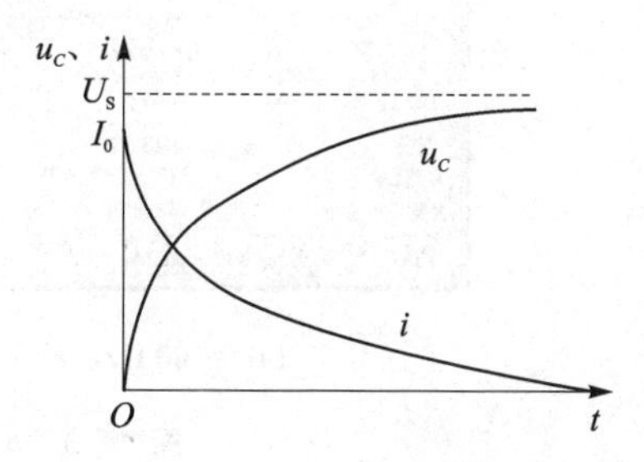

图 7－4　u_C、i 随时间变化的曲线

四、实验设备

- 双路直流电压源；
- 直流电压表、电流表；
- 函数电源；
- 电感若干；
- 电阻若干；
- 电解电容；
- 短接桥；
- 细导线；
- 9 孔插件方板。

五、仿真示例

RC 电路参数变化、u_C 波形变化的情况如图 7－5 所示。

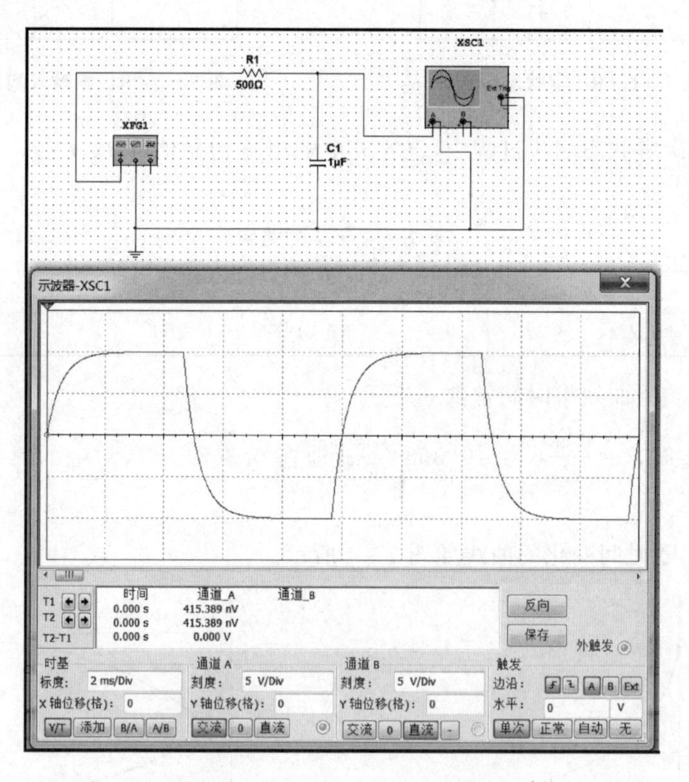

(a) f=100 Hz，R=500 Ω，C=1 μF，$\tau=5\times10^{-4}$ s

图 7－5　u_C 波形变化的情况

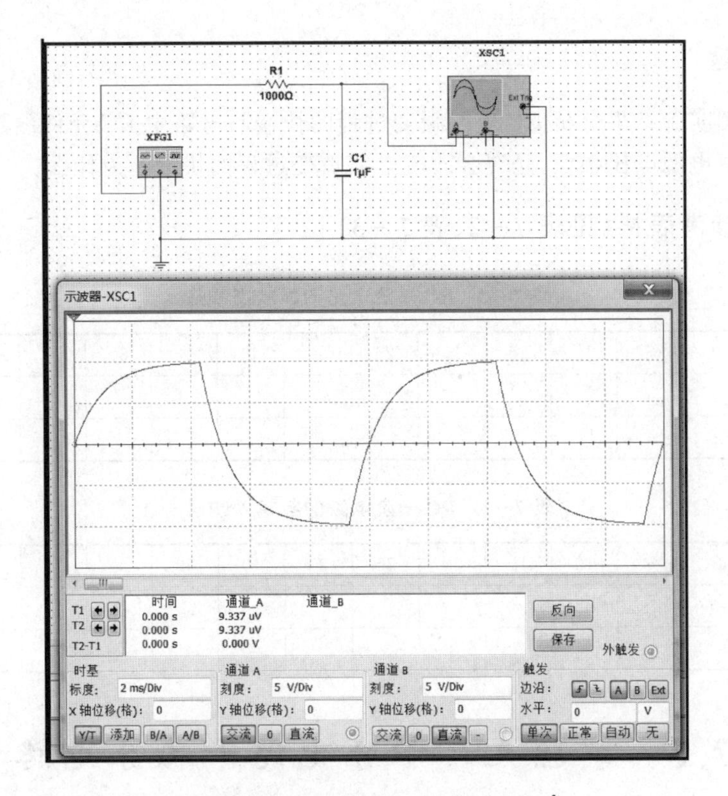

(b) f=100 Hz，R=1 000 Ω，C=1 μF，$\tau=10^{-3}$ s

图 7-5　u_C 波形变化的情况(续)

六、注意事项

① 测量时注意仪表的极性。

② 在单次过程中的零状态时，一般 τ 较大，导致 R、C 的值都很大。为使电容充电的电流初始值 I_0 较大($I_0 \geqslant 0.8$ mA)，可适当提高电源电压。

③ 为了读取时间常数 τ，可预先计算 $\tau = 0.368 I_0$ 时的 t 值，注意实验时不要遗漏这一点。

④ 电解电容每次开始时要放电(用导线短路一下电容器的两端)。电解电容有极性，不可接错。

七、实验报告要求

① 预习报告的要求：实验名称、实验内容、实验线路、电路元件和电源的参数。

② 写实验报告时，在坐标纸上画出相应的曲线。

八、思考题

1. 根据实验结果分析 RC 电路瞬变过程的快慢与电路中 RC 元件参数的关系。
2. 改变电源电压幅值,是否会改变电路瞬变过程的快慢?为什么?

九、实验参考表格(见表 7-2、表 7-3)

表 7-2 RC 一阶电路的零状态响应

t/s	0	5	10	15	20	25	30	40	50	60	75	90	120
I/mA													
U_C/V													

表 7-3 RC 一阶电路的零输入响应

t/s	0	5	10	15	20	25	30	40	50	60	75	90	120
I/mA													
U_C/V													

7.3 实验九 积分电路和微分电路

一、实验目的

① 了解积分电路和微分电路输出波形特点;
② 掌握示波器的使用方法。

二、实验原理

积分电路和微分电路是电容充放电电路在工程上的具体应用。

1. 积分电路

如图 7-6(a)所示积分电路,输入电源 u_i 为周期性方波,其脉冲宽度为 t_p。积分电路特点:

① 电路时间常数 $\tau \gg t_p$;
② 从电容两端输出;
③ 输出 u_o 为三角波或锯齿波,波形如图 7-6(b)所示。

在图 7-6(a)中,

$$u_o = u_C = \frac{1}{C}\int i_C \mathrm{d}t = \frac{1}{C}\int \frac{u_R}{R}\mathrm{d}t$$

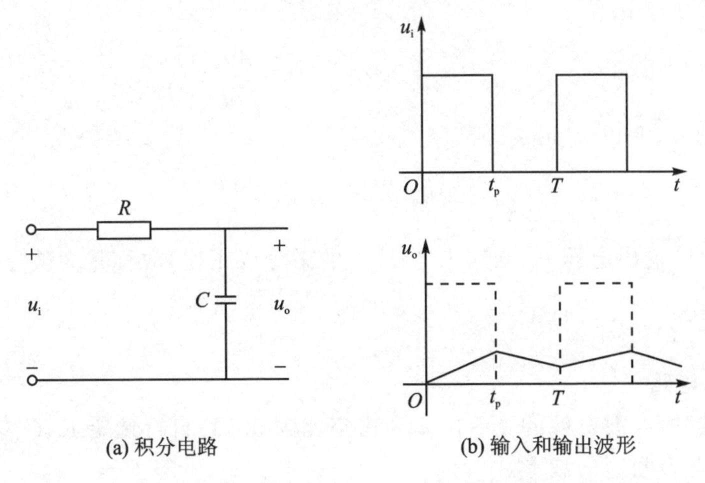

(a) 积分电路　　(b) 输入和输出波形

图 7－6　积分电路及其输入和输出波形

因为 $\tau \gg t_{\mathrm{p}}$，所以 $u_R \approx u_{\mathrm{i}}$，所以

$$u_{\mathrm{o}} = \frac{1}{C}\int \frac{u_R}{R}\mathrm{d}t \approx \frac{1}{C}\int \frac{u_{\mathrm{i}}}{R}\mathrm{d}t$$

由此可见，输出电压 u_{o} 与输入电压 u_{i} 的积分近似成正比，故称其为积分电路。

2. 微分电路

如图 7－7(a)所示微分电路，输入电源 u_{i} 为周期性方波，其脉冲宽度为 t_{p}。微分电路特点：

① 电路时间常数 $\tau \ll t_{\mathrm{p}}$；

② 从电阻两端输出；

③ 输出 u_{o} 为尖脉冲，波形如图 7－7(b)所示。

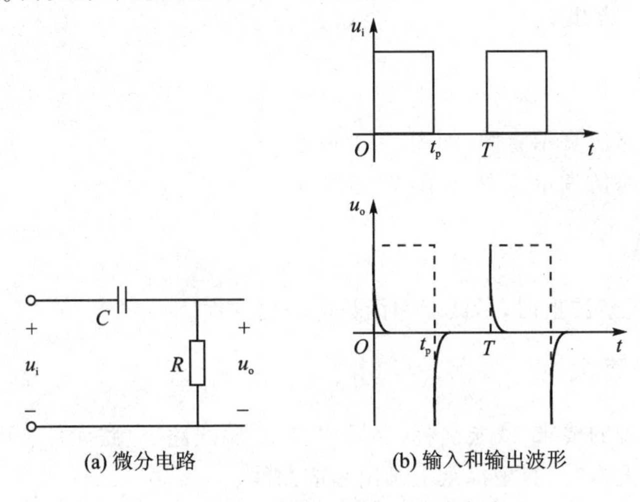

(a) 微分电路　　(b) 输入和输出波形

图 7－7　微分电路及其输入和输出波形

在图 7-7(a)中,

$$u_o = u_R = Ri_C = RC\frac{du_C}{dt}$$

因为 $\tau \ll t_p$,所以 $u_C \approx u_i$,所以

$$u_o = RC\frac{du_C}{dt} \approx RC\frac{du_i}{dt}$$

由此可见,输出电压 u_o 与输入电压 u_i 的微分成正比,故称其为微分电路。

三、实验任务

1. 积分电路

假设周期性方波电源的 $f=1$ kHz,占空比为 50%;自行选定 R、C 参数,然后用示波器观察电容两边的波形。

2. 微分电路

假设周期性方波电源的 $f=1$ kHz,占空比为 50%;自行选定 R、C 参数,然后用示波器观察电阻两边的波形。

四、实验设备

- 函数电源;
- 示波器;
- 电阻若干;
- 电容若干;
- 短接桥;
- 细导线;
- 9 孔插件方板。

五、仿真示例

① 积分电路仿真示意图,如图 7-8 所示。

② 微分电路仿真示意图,如图 7-9 所示。

六、注意事项

用示波器观察波形时,示波器和函数电源要共地。

七、实验报告要求

① 预习报告的要求:实验名称、实验内容、实验线路、电路元件和电源的参数。

② 写实验报告时,在坐标纸上画出相应曲线。

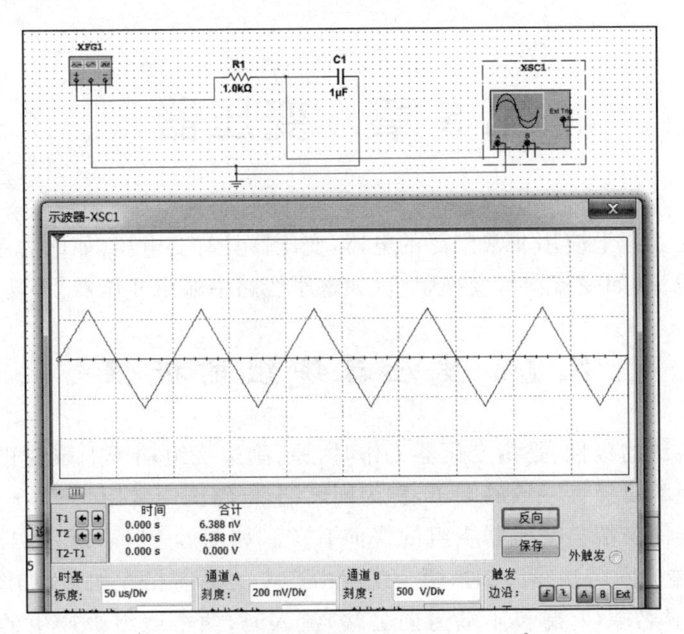

$f=10$ kHz, $R=1\ 000\ \Omega$, $C=1\ \mu\text{F}$, $\tau=10^{-3}$ s

图 7-8　积分电路仿真示意图

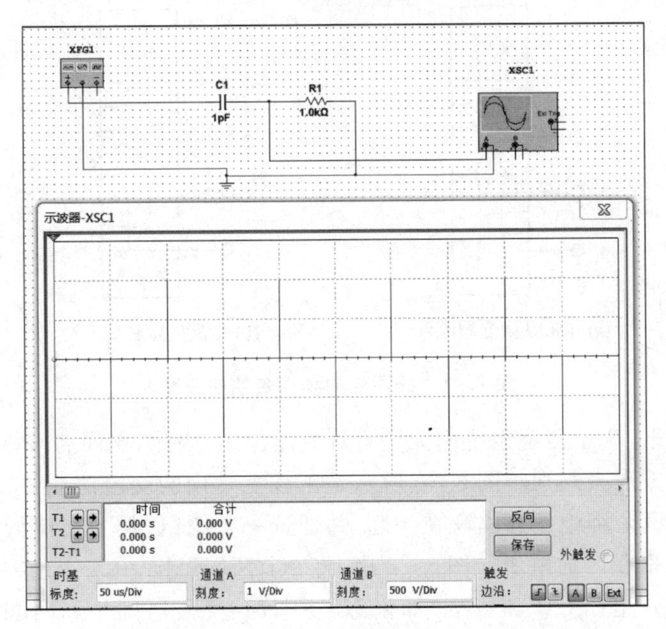

$f=10$ kHz, $R=1\ 000\ \Omega$, $C=1$ pF, $\tau=10^{-9}$ s

图 7-9　微分电路仿真示意图

八、思考题

查阅资料,了解电路的瞬变现象在工程中有哪些具体应用。

第8章 变压器

变压器是工程上应用非常广泛的电器，变压器具有变电压（如电力系统中电压等级变换）、变电流（如变流器）、变换阻抗（如电子线路中输出变压器）等功能。

8.1 变压器绕组的极性

变压器绕组的极性，是指变压器工作时，原、副边绕组端子上瞬时极性的对应关系。两个绕组瞬时极性一致的端子，称为同名端，电路图中常用“*”“•”等特殊符号标注。变压器同名端与变压器绕组的绕向有关。如图8-1(a)所示，当电流从同名端（1端和3端为同名端）流入时，两个绕组中产生的磁通相互加强；如图8-1(b)所示，当电流从异名端（1端和4端为同名端）流入时，两个绕组中产生的磁通相互削弱。由此可见，同名端对正确连接变压器非常重要。

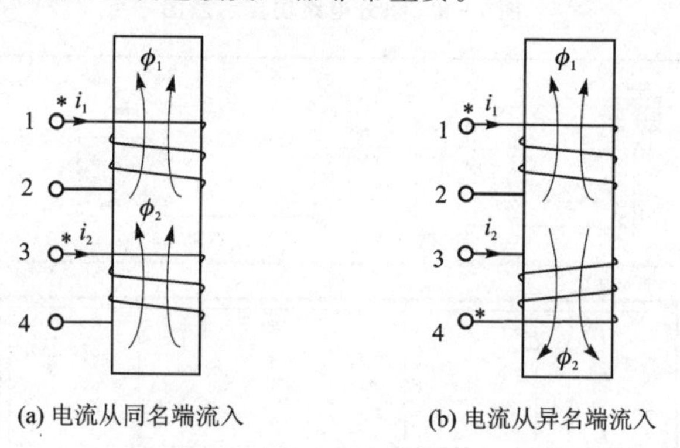

(a) 电流从同名端流入　　(b) 电流从异名端流入

图8-1　线圈绕向和同名端的关系

一般情况下，变压器绕组绕向无法直观判断出来，因此，当同名端极性未知时，需要通过实验的方法去判别。图8-2所示是工程上常用的交流法测试变压器同名端的示意图。将两个绕组任意串联在一起，并任选一个绕组，加上交流低电压（一般约为20 V），测试串联后的电压。图8-2中，将2、4两端短接，在1—2绕组中加上交流低电压U_{12}，测试电压U_{34}和U_{13}。如果$U_{13}=|U_{12}-U_{34}|$，则1、3两端为同名端；如果$U_{13}=|U_{12}+U_{34}|$，则1、4两端为同名端。

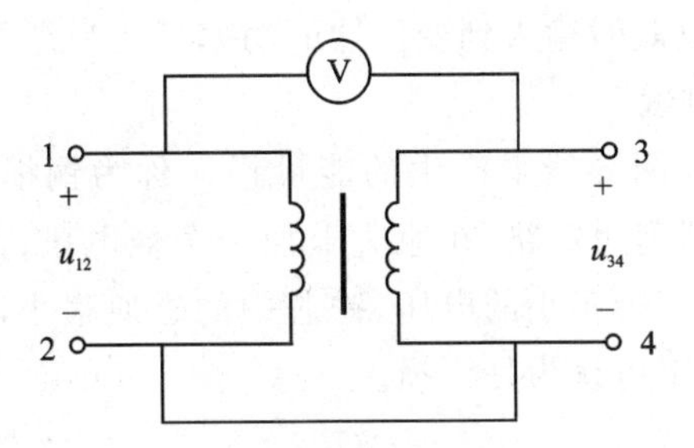

图8-2　用交流法判别同名端

8.2　变压器的外特性

当变压器带载运行时，原、副边绕组中电压方程为

$$\begin{cases} u_1 = R_1 i_1 + L_{\sigma 1} \dfrac{di_1}{dt} + (-e_1) \\ u_2 = e_2 - R_2 i_2 - L_{\sigma 2} \dfrac{di_2}{dt} \end{cases} \tag{8-1}$$

当变压器原边电压 U_1 一定时，随着副边电流 I_2 的增加（原边电流 I_1 也相应增加），由式(8-1)可知，副边输出电压 U_2 也发生变化。在常见的感性负载情况下，当电源电压 U_1 和负载功率因数 $\cos\varphi_2$ 为常数时，U_2 随 I_2 的增加而下降，如图8-3所示。

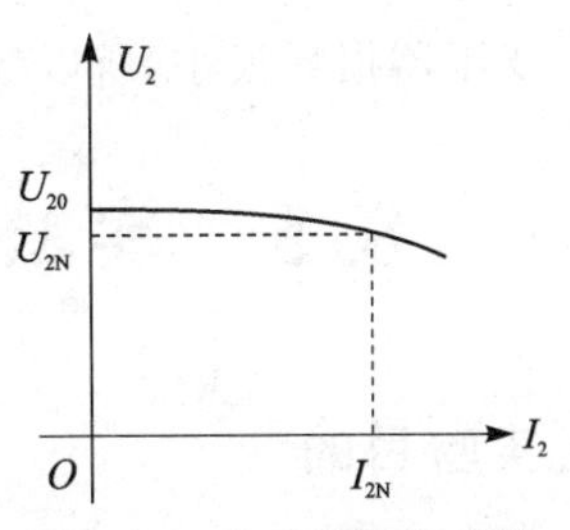

图8-3　变压器的外特性

U_2 变化程度通常用电压变化率 ΔU 表示，即

$$\Delta U = \frac{U_{20} - U_{2N}}{U_{20}} \times 100\% \tag{8-2}$$

式中，U_{20} 为变压器副边空载电压；U_{2N} 为变压器副边额定电压。在一般变压器中，线圈电阻和漏磁感抗均很小，电压变化率 ΔU 很小，大约为5%。工程上也希望 ΔU 越小越好。

8.3　变压器的铁损和铜损

变压器运行时，变压器自身损耗主要是铁损 P_{Fe} 和铜损 P_{Cu}。变压器铁损指铁芯中的损耗，主要包括磁滞损耗和涡流损耗；变压器铜损主要指绕组中内阻的损耗。

1. 变压器铁损的测试

变压器工作时，由于涡流和磁场的原因在铁芯内产生的能量损失称为铁损。铁损测试电路（参见8.5节图8-4）在变压器原边加额定电压，并使副边开路，这时铁芯内的磁通与满载工作时的磁通是一样的。由于此时原边线圈中的电流很小，线圈中的损耗可以忽略，所以此时输入到变压器的功率可认为是铁损。

2. 变压器铜损的测试

变压器工作时，在线圈导线上产生的能量损失称为铜损。铜损测试电路(参见8.5节图8-5)将变压器副边短路，在原边上加一个低电压，使线圈中电流达到额定值。由于在原边上加了一个很小的电压，铁芯中的磁通很小，所以忽略此时的铁损，此时输入到变压器的功率可认为是铜损。

8.4 变压器的效率

铁损与铁芯内磁感应强度的最大值 B_m 有关，不随负载变化；铜损随负载变化而变化，一般变压器满载时铜损比铁损大。

变压器原边绕组的输入功率为

$$P_1 = U_1 I_1 \cos\varphi_1 = P_2 + P_{Fe} + P_{Cu}$$

变压器的效率为

$$\eta = \frac{P_2}{P_1} \times 100\% = \frac{U_2 I_2 \cos\varphi_2}{U_2 I_2 \cos\varphi_2 + P_{Fe} + P_{Cu}} \times 100\%$$

变压器损耗很小，所以效率很高，一般在95%以上。

8.5 实验十　单相变压器特性测试

一、实验目的

① 学习变压器同名端的判断方法；

② 了解变压器的主要参数；

③ 熟悉变压器的电压、电流、阻抗、功率的关系。

二、实验任务

根据所提供的变压器和相关理论，设计满足以下要求的实验线路并制定相应的测试表格。

1. 变压器同名端的判断

自拟用交流激励的方法，判断变压器的同名端。

2. 单相变压器空载特性的测定(铁损的测定)及参数计算

当变压器的副边绕组空载时，原边绕组加额定电压 U_{1N}，测量输出空载电压 U_{20}、空载电流 I_0 和空载输入功率 P_0(铁损)。

根据测量的数据，计算变比 K、励磁阻抗 Z_m 和励磁电阻 R_m。

3. 单相变压器短路特性的测定(铜损的测定)及参数计算

根据单相变压器的额定容量 S_N,计算出额定电流 I_N,如图 8-5 所示,测量变压器副边短路时的原边电流 I_K、输入电压 U_K 和短路损耗 P_K(铜损)。

根据测量的数据,计算短路阻抗 Z_K、短路电阻 R_K 和短路电抗 X_K。

4. 变压器外特性(负载特性)的测量

变压器的原边绕组加额定电压,副边绕组接负载电阻。改变负载电阻的值,直到负载上电压降到空载电压的 90% 为止。测量并记录副边绕组负载上的电压、电流值,作出变压器外特性曲线 U_2-I_2。

三、实验方法参考

1. 单相变压器空载特性的测定(铁损的测定)

在原边绕组侧施加额定电压,副边绕组侧开路,进行测量,电路如图 8-4 所示。记录输入电压 U_{1N}、输出电压 U_{20}、空载电流 I_0 和空载输入功率 P_0(铁损)。

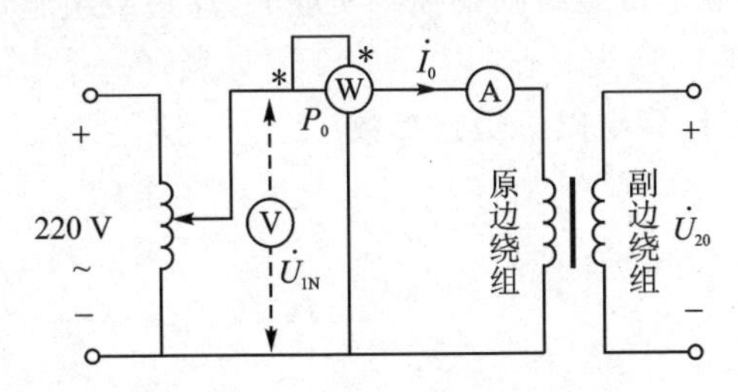

图 8-4　单相变压器空载特性的测定

根据测量数据,可计算以下参数。

变压比:

$$K=\frac{\text{原边绕组电压}}{\text{副边绕组电压}}=\frac{U_{1N}}{U_{20}}$$

励磁阻抗:

$$|Z_m|\approx|Z_0|=\frac{U_{1N}}{I_0}$$

励磁电阻:

$$R_m\approx R_0=\frac{P_0}{I_0^2}$$

励磁电抗:

$$X_m\approx X_0=\sqrt{|Z_0|^2-R_0^2}$$

功率因数:

$$\cos\varphi_0=\frac{P_0}{U_{1N}I_0}$$

2. 单相变压器短路特性的测定(铜损的测定)

短路特性测定时,由于实验中电流很大,因此一般都在原边绕组侧施加实验电压,将副边绕组短路进行测量,如图 8-5 所示。单相调压器电压从零开始增大,直至电流 I_K 等于额定电流 I_N 时,记录输入电压 U_K、输入(损耗)功率 P_K(铜损)。

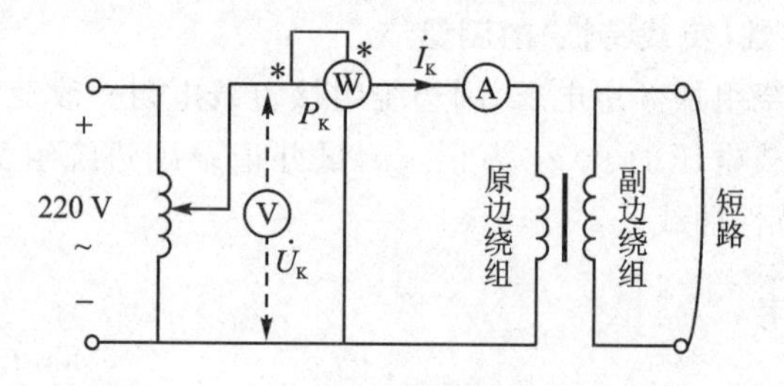

图 8-5 单相变压器短路特性的测定

短路实验,当原边电流 I_K 达到额定值 I_N 时,副边电流也接近额定值。此时绕组中的铜损就相当于额定负载时的铜损。实验时,原边绕组施加的实验电压很小,仅相当于额定电压的 4%～10% 。

根据测量数据,可计算出以下短路参数。

短路阻抗:

$$|Z_K|=\frac{U_K}{I_K}$$

短路电阻:

$$R_K=\frac{P_K}{I_K^2}$$

短路电抗:

$$X_K=\sqrt{|Z_K|^2-R_K^2}$$

四、实验设备

- 三相交流电源;
- 单相调压器;
- 功率表;
- 变压器;
- 安全导线与短接桥。

五、注意事项

① 用交流法判断变压器同名端时,电源电压约为额定电压的 10%(20 V),电源电压由实验台单相调压器提供。

② 短路实验时，原边绕组施加的实验电压很小，仅相当于额定电压的4%～10%，使用调压器时，电压应从零开始慢慢增大，仔细操作。

③ 注意电压表、电流表、功率表的量限的选择和功率表的正确连接方法。

④ 做负载实验时，先确定最小负载电阻，再往大调节，以免电流太大，烧坏变压器。

第9章 三相异步电动机

用空气断路器、交流接触器、热继电器、按钮等低压电器对电动机实现继电-接触器控制，目前仍广泛应用于工农业生产场合。了解继电-接触器控制原理，对后续采用可编程控制器(简称 PLC)控制电动机非常有益。

9.1 三相异步电动机运行前的准备

1. 察看铭牌

每台电动机的机座上都有一块铭牌，铭牌上标有该电动机的型号及一些技术参数，使用电动机前，必须仔细阅读铭牌，供正确使用电机时参考。表 9－1 所列为三相异步电动机铭牌示例。

表 9－1 三相异步电动机铭牌示例

型　号	Y180M－4	功率/kW	7.5	频率/Hz	50
电压/V	380	电流/A	15.4	接法	△
转速/(r·min^{-1})	1 440	绝缘等级	B	工作方式	连续
年　　月		编号	×××	×××电机厂	

型号：Y180M－4，Y 指异步电动机，180 指机座中心高 180 mm，M 指中机座(S 指短机座，L 指长机座)，4 指磁极数为 4。

电压：380 V，电机额定电压，指电动机在额定工作状态运行时使用的电源线电压。

转速：1 440 r/min，电机额定转速，指电动机在额定工作状态运行时的转速。

功率：7.5 kW，电机额定功率，指电动机在额定工作状态运行时允许转轴上的输出功率 P_{2N}。电动机的输出功率 P_{2N} 不等于电动机的输入电功率 P_{1N}。电动机输入电功率：

$$P_{1N}=\sqrt{3}U_lI_l\cos\varphi$$

电动机效率：

$$\eta=\frac{P_{2N}}{P_{1N}}\times 100\%$$

电流：15.4 A，电机额定电流，指电动机在额定工作状态运行时，电动机定子绕组的线电流。

绝缘等级：B，表示电动机各绕组及其他绝缘部件所用绝缘材料的等级。绝缘材料的耐热性分为不同的等级，通常电动机使用的绝缘材料耐温在 120～155 ℃之间。

接法：△，表示电动机在额定电压下，定子绕组的接法。例如，铭牌所标电压 380 V，接法△，表示电源线电压为 380 V 时，电动机定子绕组接法为△形连接。又如，铭牌所标电压 380 V/220 V，接法 Y/△，表示电源线电压为 380 V 时，电动机定子绕组接法为 Y 形连接；电源线电压为 220 V 时，电动机定子绕组接法为△形连接。一般，笼型电动机三个定子绕组的 6 个引出端分别接至接线盒的 6 个接线端子，6 个接线端子分别标有 U_1、U_2、V_1、V_2、W_1、W_2。其中，U_1、U_2 为第一相绕组的两端，V_1、V_2 为第二相绕组的两端，W_1、W_2 为第三相绕组的两端，U_1、V_1、W_1 为绕组的首端，U_2、V_2、W_2 为绕组的末端。绕组的正确接法如图 9-1 所示。

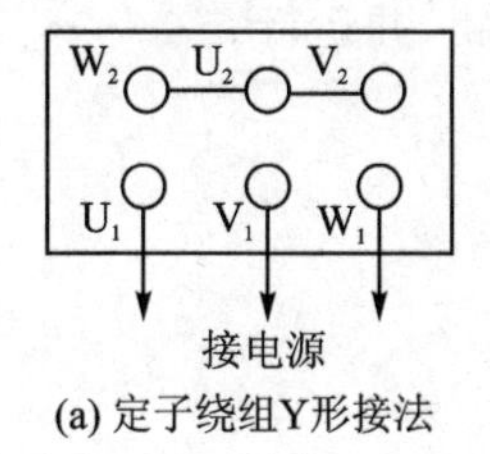

(a) 定子绕组Y形接法

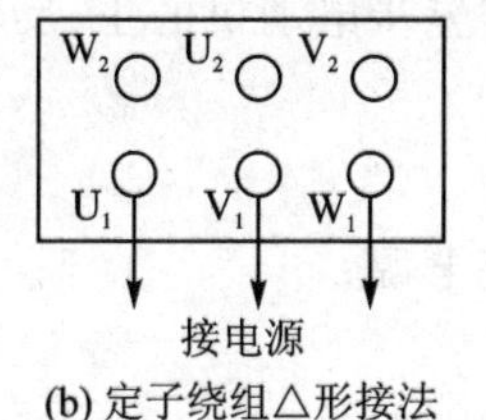

(b) 定子绕组△形接法

图 9-1　定子绕组 Y 形接法与△形接法

工作方式：电动机运行方式分连续运行、短时运行和断续运行三种，连续表示电动机在额定状态可长期连续运行。

2. 测试绝缘电阻

电动机在日常运行中，会出现线圈松动、绝缘磨损老化、电机受潮、受污染等情况。这些因素均会导致电动机绝缘电阻下降，当绝缘电阻下降至一定值时，将会影响电动机正常工作，严重时可能会损坏电动机，甚至危及工作人员的人身安全。因此，在使用已搁置一段时间的电动机前，应测试其绝缘电阻；同样，电动机在使用期间，也需要定期检查其绝缘电阻。

在常温下，1 000 V 以下的交流电动机，绕组之间、绕组和机壳之间的绝缘电阻均不应小于 0.5 MΩ。绝缘电阻大于 0.5 MΩ，说明电动机绝缘性能良好；小于 0.5 MΩ，说明电动机通电后将会有严重的漏电或短路现象，必须修理后才能使用。测量绝缘电阻要用兆欧表测试，兆欧表的使用方法详见附录 A.2.5。

9.2　实验十一　三相异步电动机运行及控制

一、实验目的

① 了解小型三相异步电动机运行前的准备工作；

② 掌握主令电器、接触器等低压电器的运用技术；

③ 学习三相异步电动机运行时的正、反转控制的电气线路连接方法。

二、实验任务

① 小型三相异步电动机运行前的准备：

- 察看铭牌：了解工作电压、电流、额定功率、额定转速、电动机绕组的连接方式等。
- 电气检查：测量绝缘电阻(对于小型电动机,要求绝缘电阻应大于 0.5 MΩ)。绝缘电阻包括绕组与绕组之间、三个绕组分别与电动机机座之间的绝缘电阻。

② 分别连接三相异步电动机的点动、单方向运转控制线路,并运行。

③ 连接三相异步电动机的正、反转控制线路,并运行。

三、实验设备

- 三相交流电源；
- 兆欧表；
- 三相异步电动机；
- 交流接触器 KM；
- 热继电器 KH；
- 按钮；
- 安全导线与短接桥等。

四、注意事项

① 使用兆欧表前,请预习附录 A.2.5。

② 认清电动机及交流接触器的额定工作电压,选择与之相符的供电系统。

③ 电动机的控制电路接好后,应认真检查,确认无误后方可通电做实验。

④ 一旦发现电动机运转有异常现象,请立即断电检查,排除故障后方可再通电。

⑤ 遵守安全规则,不可带电操作,防止触电。

⑥ 独立完成实验,经指导老师验收合格方可拆除电路。

五、实验报告要求

预习报告的要求:实验名称、实验内容及实验线路。

六、思考题

1. 为什么电动机要定期测试绝缘电阻?
2. 试述正反转控制线路中自锁环节和互锁环节在电路中的作用。

七、参考表格(见表 9 - 2)

表 9 - 2　电动机绝缘电阻的测定

名　称	U 相- V 相	V 相- W 相	W 相- U 相	U 相-机壳	V 相-机壳	W 相-机壳
阻值/MΩ						

八、参考线路

1. 三相异步电动机的点动和单方向连续运转控制

图 9 - 2 中,开关 S 断开时为点动控制;开关 S 闭合时为单方向连续运转控制线路。

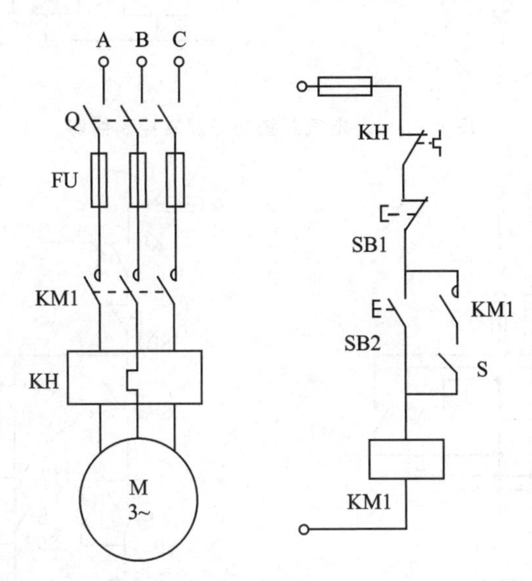

图 9 - 2　既能点动又能单方向连续运转的控制线路

2. 三相异步电动机的正反转控制

① 含电气互锁的正反转控制线路,如图 9 - 3 所示。

② 含机械互锁和电气互锁的正反转控制线路,如图 9 - 4 所示。

这是工程上常用的一种控制方式,含机械互锁时,电动机可以从一种状态直接进入另一种状态。这种控制方式操作简便,但只适用于正反转不频繁转换的小容量电动机。

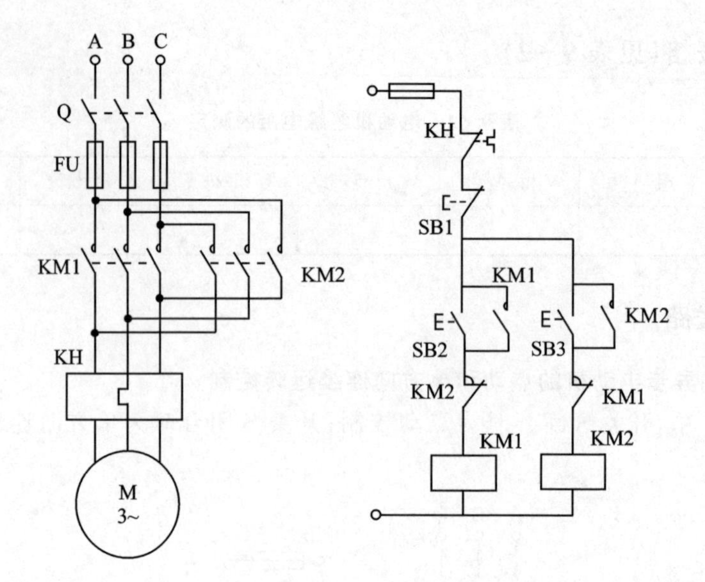

图 9-3　含电气互锁的正反转控制线路

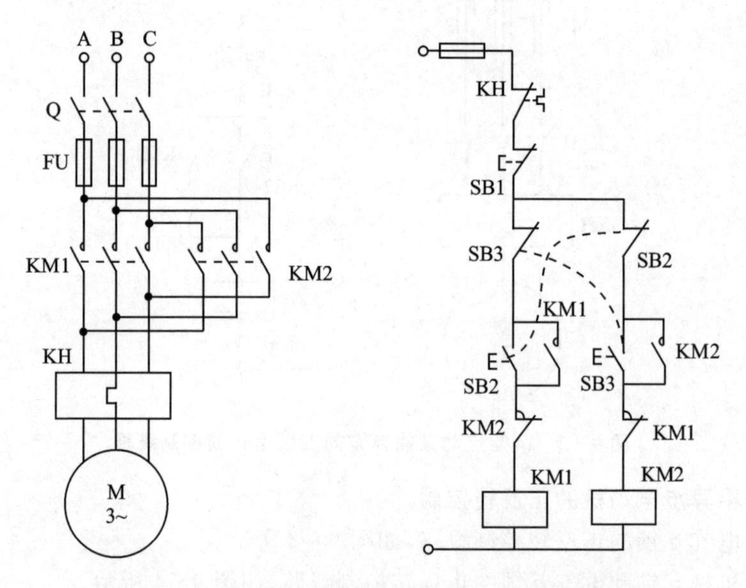

图 9-4　含机械互锁和电气互锁的正反转控制线路

9.3　实验十二　三相异步电动机的反接制动和能耗制动

一、实验目的

① 了解三相异步电动机反接制动的原理；

② 了解三相异步电动机能耗制动的原理；

③ 学习三相异步电动机反接制动和能耗制动的电气线路连接方法。

二、实验任务

① 对三相异步电动机进行反接制动；

② 对三相异步电动机进行能耗制动。

三、实验原理

1. 电动机反接制动

三相异步电动机的反接制动是通过改变定子绕组中的电源相序，使其产生一个与转子旋转方向相反的电磁转矩来达到电动机转速迅速下降的目的。当电动机转速接近零时，应迅速断电，否则电动机将反向转动。因此，电路中应有检测电动机转速的装置。

反接制动适用于经常正反转的机械，如轧钢车间辊道及其辅助机械装置。笼型电动机因转子不能接入外接电阻，为了避免大的反接制动电流，反接制动一般只适用于小容量电动机；较大容量的笼型电动机宜采用能耗制动。

图 9-5 所示为三相异步电动机单向运转反接制动控制线路。其中，SB2 为电动机启动按钮；SB1 为电动机制动按钮；KS 为速度继电器，它的轴与电动机的转轴相连，图 9-5 中用虚线表示。

启动时，合上 Q，按下 SB2，电动机运转，当电动机转速上升到一定值(约 100 r/min)时，KS 常开触点闭合，为制动做准备。制动时，按下 SB1，KM1 线圈失电，KM1 主触点断开，电机失电；同时，KM1 辅触点复位，KM2 线圈得电，KM2 常开触点闭合，电动机串接限流电阻器 R 反接制动。当电动机转速下降到一定值(约 100 r/min)时，KS 触点复位，电动机断电停转，制动结束。

反接制动时，由于旋转磁场和转子的相对转速很高，故转子绕组中感应电流很大，定子绕组电流也相应很大，一般为电动机额定电流的 10 倍左右。因此，反接制动适用于 10 kW 以下的小容量电动机，并且若要对 4.5 kW 以上的电动机进行反接制动，需在定子回路中串接限流电阻器 R。

反接制动的优点是制动力强、迅速，缺点是制动准确性差，制动过程中冲击力强，易损坏传动零件。因此,反接制动一般适用于制动要求迅速、系统惯性较大、不常启动和制动的场合。

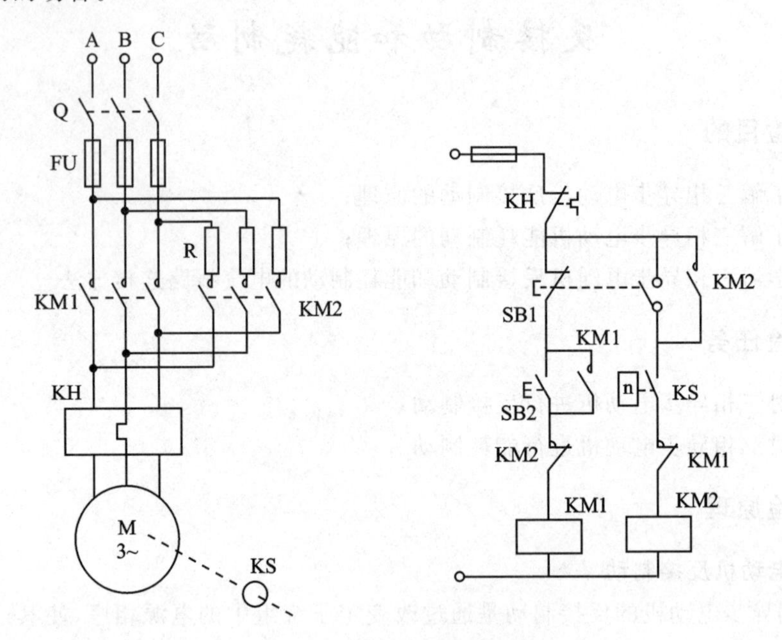

图 9-5 反接制动控制线路

2. 电动机能耗制动

电动机能耗制动的原理就是在电动机脱离三相交流电源之后,在定子绕组上通入一个直流电压若干秒,利用转子感应电流与静止磁场的作用达到快速制动的目的。

能耗制动控制电路的方式较多,可以利用时间继电器进行控制,也可以根据能耗制动速度原则,用速度继电器进行控制。

能耗制动的优点是制动准确、平稳、能量消耗小,适用于要求制动平稳、准确和频繁启动的较大容量电动机。

(1) 单向运行变压器式能耗制动电路

图 9-6 所示为电动机单向运行变压器式能耗制动电路。它采用变压器单相桥式整流电路,有较好的制动效果,但所需的设备多、成本高,常用于功率较大的电动机能耗制动。

图 9-6 中,当合上 Q,按下按钮 SB2 后,电动机正常运行。当按下按钮 SB1 时,电动机由于接触器 KM1 线圈失电、KM1 主触点断开而使主电路中电源先断开;随后接触器 KM2 线圈与时间继电器 KT 线圈同时得电,KM2 常开触点闭合,主电路中变压器 TC 接入电源,经整流块 VC 整流成直流电源,再由 KM2 的主触点进入电动机定子绕组,达到制动目的。当时间继电器 KT 设定时间到时,自动打开常闭触点而断开接触器 KM2 的线圈电路,KM2 触点复位,电动机的直流电源被切断,能耗制动结束。

图9-6中,辅助电路中的时间继电器常闭触点按钮KT,是为了防止时间继电器出现故障不能及时断开KM2时,按下此按钮可使KM2失电,避免两相定子绕组长期接入能耗制动的直流电流。主电路中的可调电阻器R起限流作用。

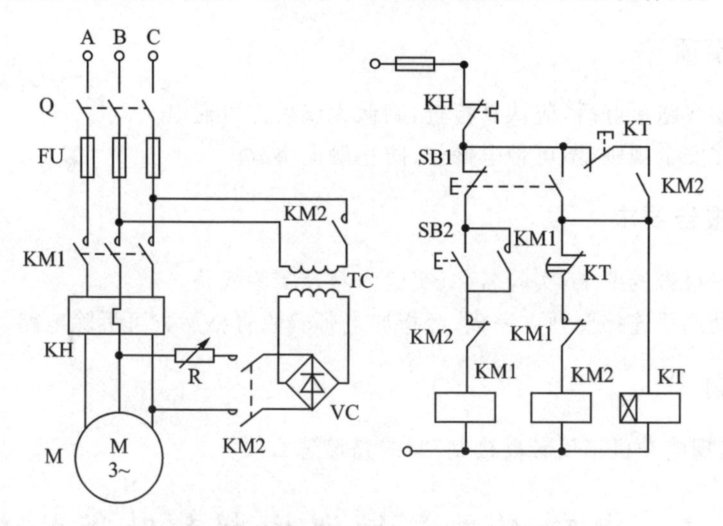

图9-6　单向运行变压器式能耗制动电路

(2) 单向运行无变压器式能耗制动电路

对于10 kW以下的电动机,单向运行时可采用无变压器式能耗制动电路。其辅助电路与变压器式单向运行能耗制动电路(见图9-6)相同,控制方式也相同,不同的是主电路。从图9-7所示的主电路中可见,接触器KM1线圈得电,电动机单向运行;制动时,接触器KM1线圈先失电,然后接触器KM2线圈得电,令电动机的两相绕组接入线并接,与一个经二极管VD半波整流的电路组成回路,在电动机定子绕组中注入直流电流,达到制动效果。最后由时间继电器断开KM2线圈电源,电动机的直流电源被切断,能耗制动结束。图9-7中的电阻器R起限流作用。

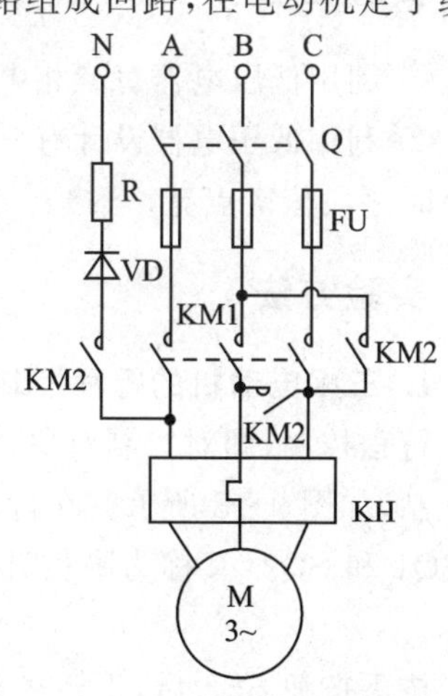

图9-7　单向运行无变压器式能耗制动电路

四、实验设备

- 三相交流电源;
- 三相异步电动机;
- 交流接触器KM;
- 热继电器KH;
- 速度继电器KS;
- 时间继电器KT;
- 按钮;

- 变压器；
- 若干二极管和电阻；
- 安全导线与短接桥等。

五、注意事项

① 制动线路接好后，应认真检查，确认无误后方可通电。

② 遵守安全规则，不可带电操作，防止触电事故。

六、实验报告要求

① 预习报告的要求：实验名称、实验内容及实验线路。

② 制动线路连接要独立完成，经指导老师验收合格后方可拆除电路。

七、思考题

若要实现电动机正反转反接制动，线路该怎么改？

9.4 实验十三 行程控制和时限控制

一、实验目的

① 掌握交流接触器、热继电器、行程开关等低压电器的运用技术；

② 学习行程控制与时限控制的线路连接方法。

二、实验任务

① 利用低压电器对三相电动机进行有行程限制的控制；

② 利用低压电器设计有三个时序段的时限控制，以电灯作为负载，即令电灯在三个时序段依次点亮。

三、实验方法

1. 三相电动机的行程控制

行程控制，即对控制对象（设为电动机及工作台）在某一段行程内做自动往返循环控制，如图 9-8 所示。在行程的两端分别设置具有一对常开和一对常闭的行程开关 SQ1 和 SQ2（又称为限位开关），令电动机做可逆运行控制。控制电路如图 9-9 所示。

按下按钮 SB2 后，正转接触器 KM1 线圈通电吸合并自锁，电动机及工作台向右移动。当移动到位碰到行程开关 SQ1 时，SQ1 的常闭触点断开，切断接触器 KM1 线圈电路，KM1 失电；同时，SQ1 的常开触点闭合，接通反转接触器 KM2 线圈电路，电

图 9-8　自动往返循环

动机由正转变为反转，带动工作台向左移动。当碰到行程开关 SQ2 时，电动机又由反转变为正转，这样电动机及工作台就可以做往复循环运动。

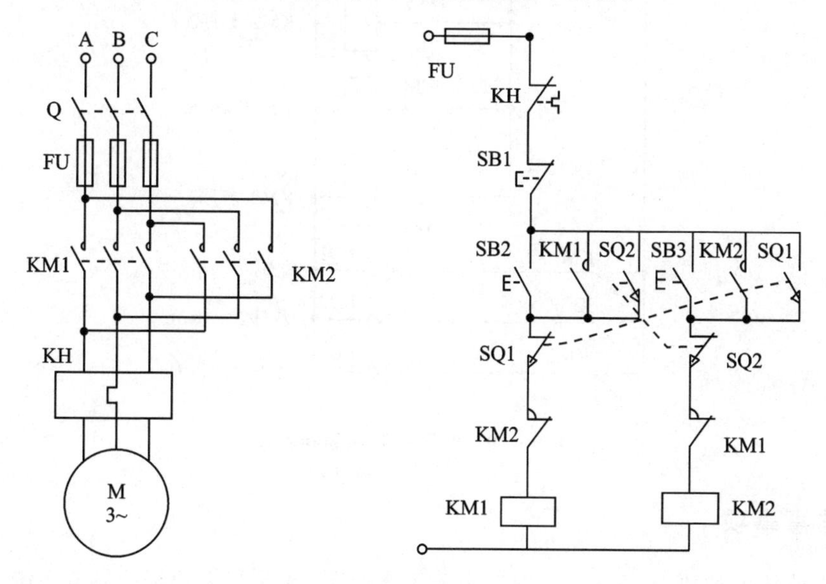

图 9-9　行程控制电路

2. 时限控制线路参考图(见图 9-10)

控制原理略。

四、实验设备

- 三相交流电源；
- 白炽灯；
- 交流接触器；
- 时间继电器；
- 行程开关；
- 按钮；
- 安全导线与短接桥等。

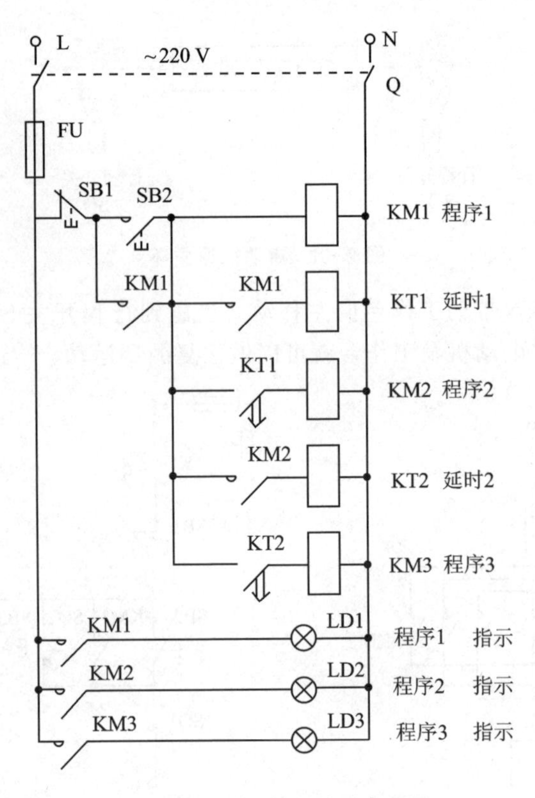

图 9-10 时限控制线路参考图

五、注意事项

① 认清电动机及交流接触器的额定工作电压,选择与之相符的供电系统。

② 电动机运行时注意观察,一旦发现异常现象(包括异响),应立即断电检查,排除故障后方可再通电实验。

③ 当做时限控制时,考虑负载电灯的额定工作电压,选择符合技术要求的交流接触器(或中间继电器)、时间继电器等低压电器。

④ 遵守安全规则,认真操作,防止触电事故。

六、实验报告要求

① 预习报告的要求:实验名称、实验内容及实验线路。

② 独立完成实验,经指导老师验收合格后方可拆除电路。

附录 A 电工实验台和常用设备

A.1 电工实验台简介

A.1.1 实验平台电源

1. 32131001 三相空气开关板使用说明

32131001 三相空气开关面板如图 A-1 所示，包含：三相空气开关、熔断器、启动按钮停止按钮及对应指示灯。它是一款具有短路声光报警及漏电保护的三相电源输出装置，同时具有“启动”和“停止”按钮，用于控制输出端电压开关。“停止”按钮兼具取消报警音的功能。

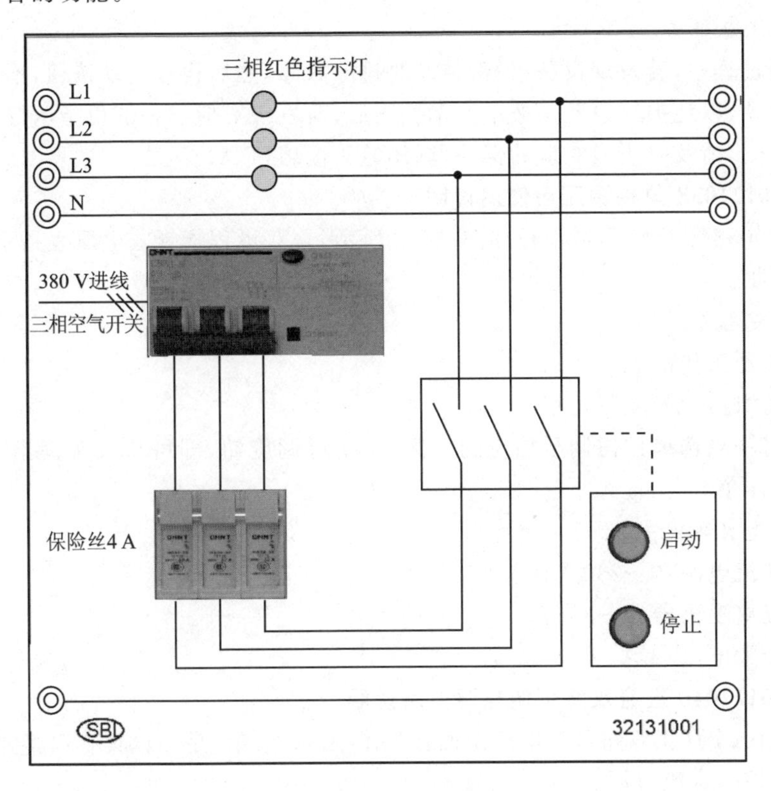

图 A-1 三相空气开关面板示意图

(1) 使用方法

① 合上空气开关,此时红色停止指示灯亮,绿色启动指示灯灭,表示设备仍处于停止状态,三相电源无输出。

② 按下启动按钮,启动指示灯亮,停止指示灯灭,三相电源正常输出,对应三相红色指示灯亮。

③ 按下停止按钮,停止指示灯亮,启动指示灯灭,三相电源无输出。

④ 设备短路,启动指示灯灭,停止指示灯闪烁,蜂鸣器持续报警。

⑤ 按下停止按钮,蜂鸣器报警取消,停止指示灯停止闪烁,常亮。

⑥ 故障排除后,重复步骤②,可正常使用。

(2) 技术参数

① 系统供电:三相五线制 380(1±10%) V,50 Hz。

② 工作环境:温度−10～+40 ℃,相对湿度≤85%(25 ℃)。

③ 额定电流:2 A。

④ 漏电动作电流:30 mA。

⑤ 保险丝:RO15,慢熔,4 A。

(3) 注意事项

使用过程中,若发现设备报警,请及时排除故障,然后再按启动按钮,不可带着故障重复启动,以免损坏设备。按下启动按钮后,若发现对应三相红色指示灯中的某相指示灯不亮,请及时更换对应的保险丝(RO15,慢熔,4 A)。

2. 30121058 单相调压器使用说明

30121058 单相调压器面板如图 A－2 所示,含双量程指针式电压表指示,带短路和过载保护。

(1) 使用方法

① 接通工作电源。

② 将“连接端”上下短接。

③ 将输出选择按钮调至相应的一侧,旋转可调旋钮,即可从表头读出对应的可调输出电压值。

(2) 技术参数

① 交流电源:0～250 V。

② 隔离变压器:0～36 V。

③ 最大电流:2 A。

3. 30121046 直流双路可调电源使用说明

30121046 直流双路可调电压源面板如图 A－3 所示,是一款具有双路独立、可调及过载保护的直流电源。

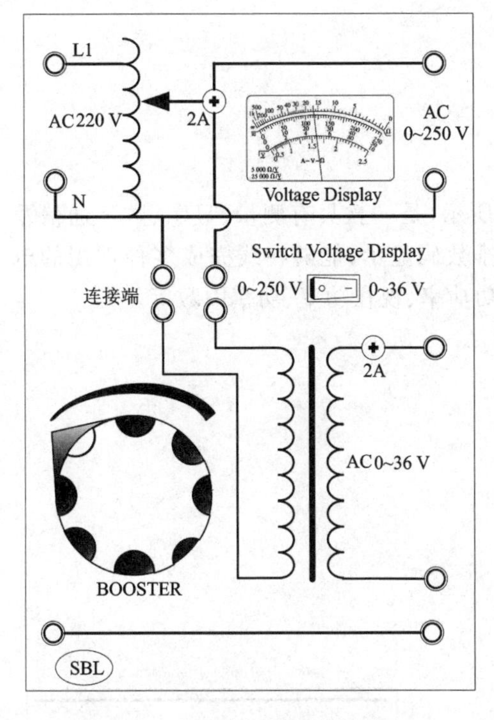

图 A－2　单相调压器面板示意图

图 A－3　直流双路可调电压源面板示意图

(1) 使用方法

① 输出电压从“＋”“－”端口引出。

② 旋转可调旋钮，即可改变输出电压值。

(2) 技术参数

① 电压：双路 0～24 V 可调。

② 额定电流：1 A。

③ 指针式电压表指示，带过载声音报警，故障排除后可自行恢复。

4. 30111113 直流恒流源使用说明

30111113 直流恒流源面板如图 A－4 所示，含数字显示直流毫安表指示，短接“＋”“－”接线柱，此时恒流源输出。

(1) 使用方法

① 选择合适量程，将“＋”“－”端串接在电路中。

② 打开电源开关，调节旋钮，即可得到所需电流源的电流。

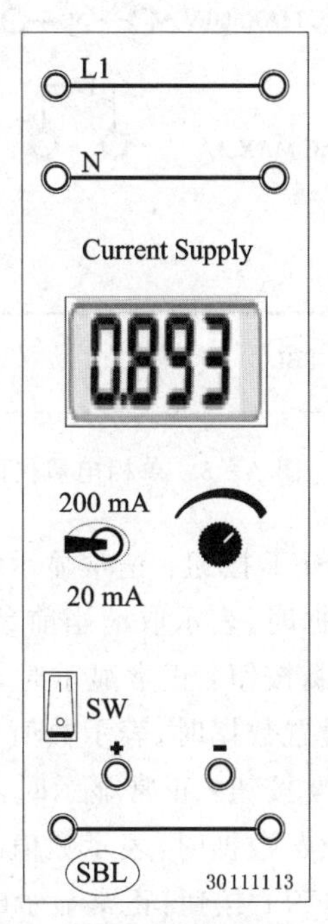

图 A－4　直流恒流源面板示意图

(2) 技术参数

输出电流:0～20 mA,0～200 mA。

A.1.2　实验平台仪表

1. 30121009 单相电量仪使用说明

30121009 单相电量仪面板如图 A－5 所示,是一款具有测量、显示、数字通信及电能计量等功能的电力仪表。仪表采用三排数码显示,能够在线完成多种常用的电参量测量,如单相电压、电流、有功功率、无功功率、视在功率、功率因数等。

HF9600E 数字显示模块按键功能如图 A－6 所示。

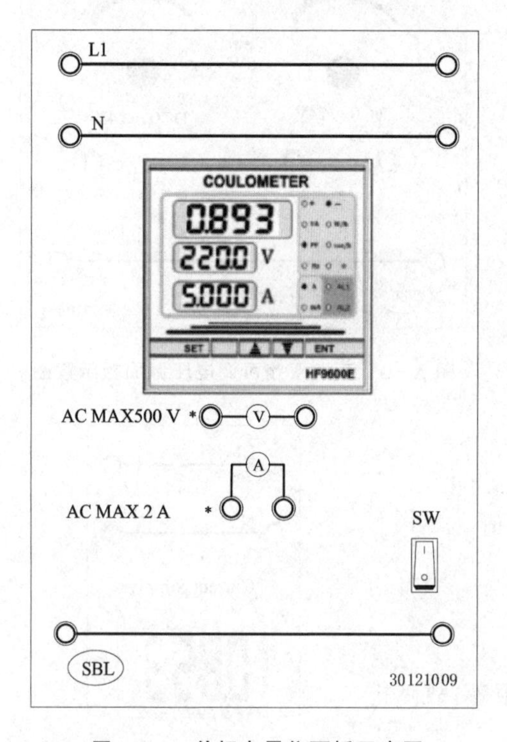

图 A－5　单相电量仪面板示意图

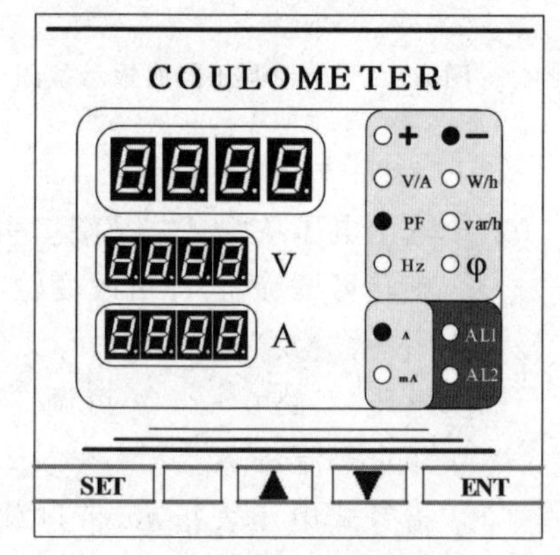

图 A－6　HF9600E 数字显示模块按键功能示意图

SET 按钮：正常显示时，按下无作用。设置功能:退出当前设置界面或菜单,设置数据时,表示取消当前参数设置。

▲按钮：正常显示时,按下切换功能界面。设置功能:菜单模式时,表示菜单上翻;设置数据时,表示数值增加。

▼按钮：正常显示时,按下切换功能界面。设置功能:菜单模式时,表示菜单下翻;设置数据时,表示数值减小。

ENT 按钮:正常显示时,按下无作用。设置功能:菜单模式时,表示进入当前菜单设置;设置数据时,表示确定当前数值。

(1) 使用方法

① 在实验电路连接中，该电量仪可作为标准交流电路测试表，其中，V 两边的插孔连接电压回路，A 两边的插孔连接电流回路，带“ * ”的两个插孔表示为同名端。要确保输入电压、电流相对应，否则会出现仪表测量错误。

② 该电量仪有三个四位数字显示窗口，最上排的四位显示窗口分别为视在功率(V · A)、有功功率(W/h)、功率因数(PF)、无功功率(var/h)、频率(Hz)以及相位角(φ)等参数的巡回显示，要转换此显示窗口的参数显示，只要轻按▲或者▼按钮即可；第二、第三个四位显示窗口分别显示电压、电流测量值。

③ 该表具有正、负有功功率显示和正、负无功功率显示的功能。当切换到功率界面时，右侧“＋”“－”指示灯会相应地显示。

例如：图 A－7(a)中负号灯亮、var 灯亮、A 灯亮，表示电压为 220.0 V，电流为 5.000 A，无功功率为－1.093 var；图 A－7(b)中负号灯亮、PF 灯亮、A 灯亮，表示电压为 220.0 V，电流为 5.000 A，功率因数为－0.893。

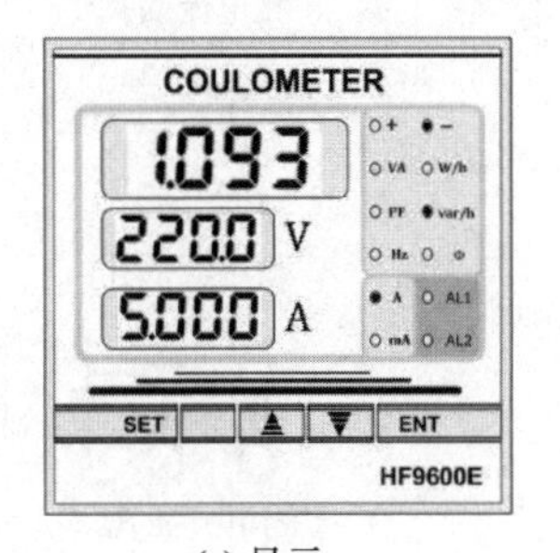

(a) 显示一

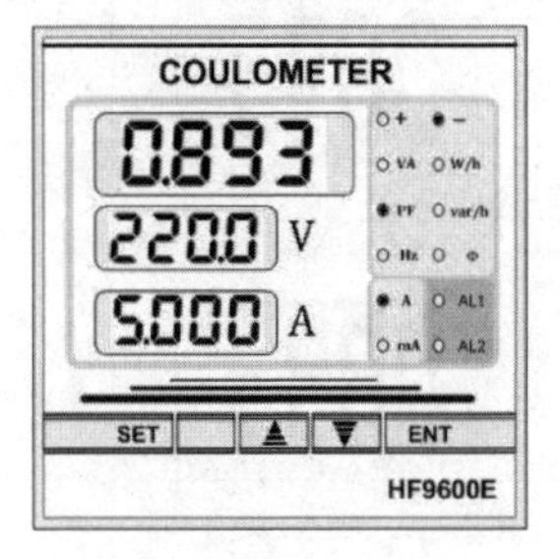

(b) 显示二

图 A－7　功率表显示示意图

(2) 技术参数

① 电流量程：0～2 A。

② 电压量程：0～500 V。

③电流量程：0～2 A。

④ 功率量程：1 500 W。

⑤ 功率因数量程：－1～0，0～1。

⑥ 相位量程：－90°～90°

⑦ 通信功能：RS485 输出，MODBUS－RTU 协议，波特率可设定为 1 200～19 200 bit/s。

⑧ 数码显示：红色数码管显示，红色指示灯。

2. 30111047 直流电压电流表使用说明

图 A－8 所示为直流电压电流表面板示意图。

(1) 技术参数

① 数显电压表量程：0～20 V，0.5 级。

② 数显电流表量程：0～200 mA，0.5 级。

(2) 注意事项

① 电流表应串接在电路里。

② 电压表应并接在电路里。

3. 30111055 测电流插孔板

图 A-9 所示为测电流插孔板面板示意图。

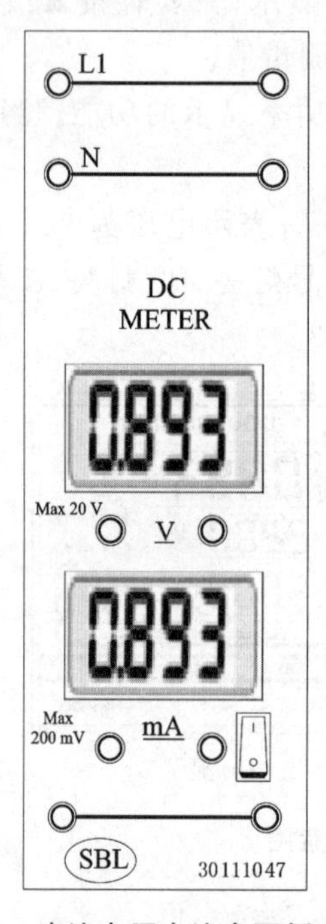

图 A-8　直流电压电流表面板示意图

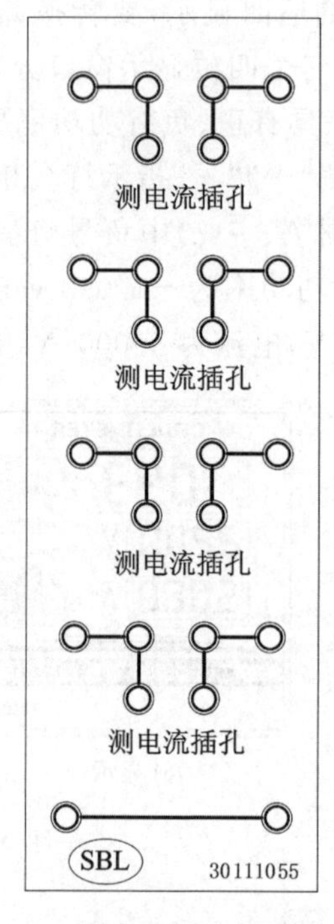

图 A-9　测电流插孔板面板示意图

A.1.3　实验模块

1. 30111093 灯泡负载板

图 A-10 所示为灯泡负载板示意图。

2. 30121012 日光灯开关板

图 A-11 所示为日光灯开关板示意图。

3. 30121036 日光灯镇流器和电容板

图 A-12 所示为日光灯镇流器和电容板示意图。

4. 交流接触器和热继电器板

图 A-13 所示为交流接触器和热继电器板示意图。

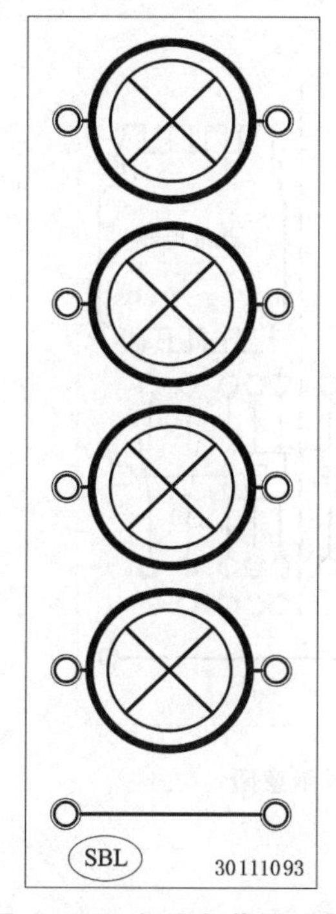

图 A－10　灯泡负载板示意图

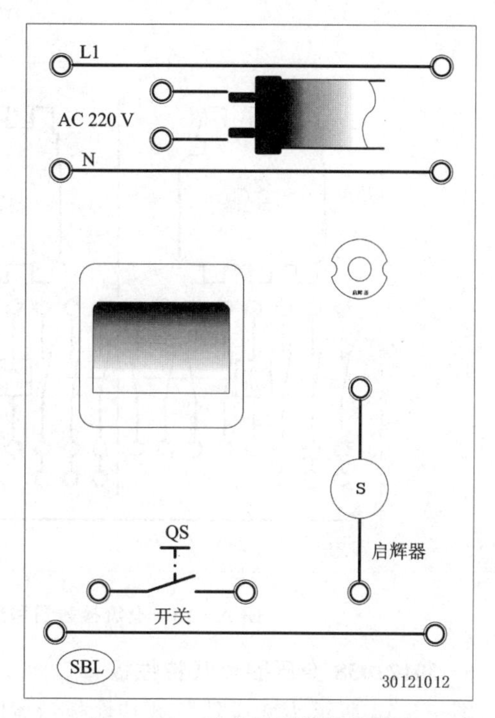

图 A－11　日光灯开关板示意图

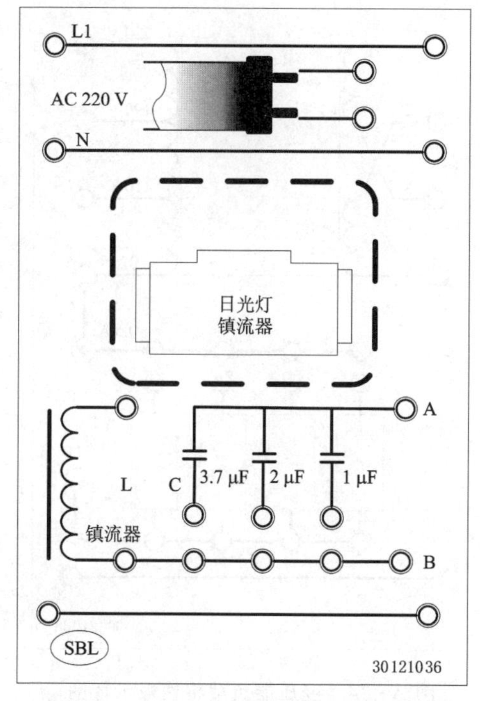

图 A－12　日光灯镇流器和电容板示意图

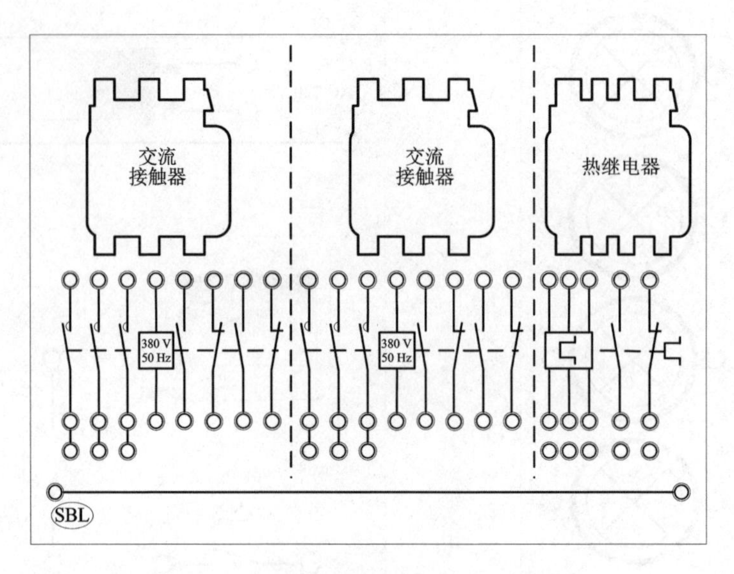

图 A-13　交流接触器和热继电器板示意图

5. 30121038 变压器负载特性板

图 A-14 所示为变压器负载特性板示意图。

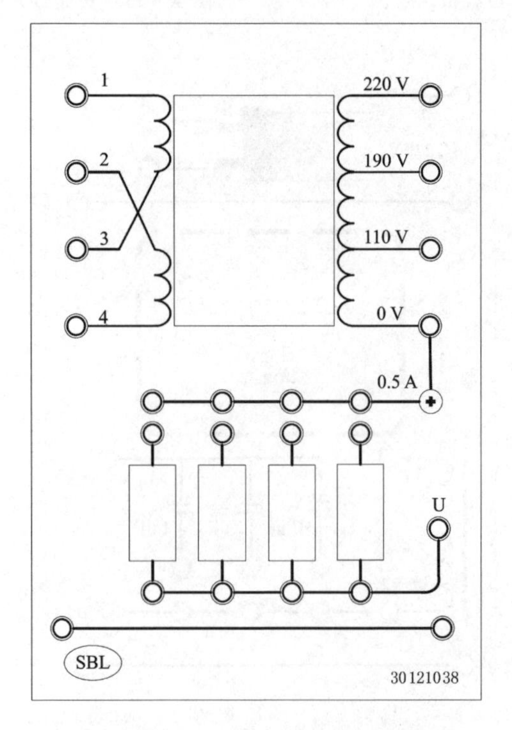

图 A-14　变压器负载特性板示意图

A.1.4　部分实验元件清单

实验室可提供的电阻、电容、电感等元件参数值如图 A-15 所示，可供同学们设计线路时参考。

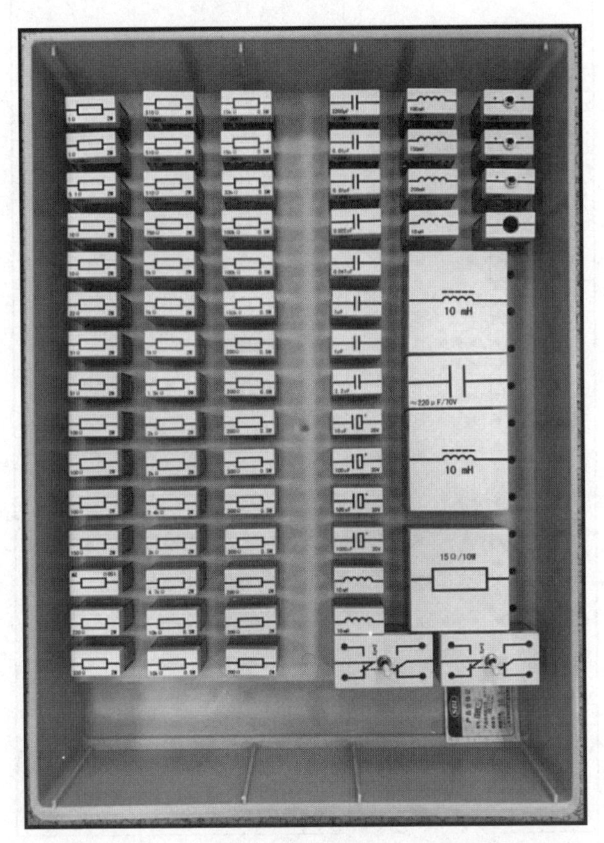

图 A-15　电阻、电容、电感等元件盒示意图

1. 电阻、电容、电感等元件

表 A-1 所列为电阻、电感、电容等元件参数清单。

表 A-1　现有元件参数清单

序　号	模块名称	规　格	数　量
1	电阻	1 Ω/2 W	2
2		5.1 Ω/2 W	1
3		10 Ω/2 W	2
4		22 Ω/2 W	1
5		51 Ω/2 W	2
6		100 Ω/2 W	3
7		150 Ω/2 W	2
8		220 Ω/2 W	1
9		330 Ω/2 W	1
10		510 Ω/2 W	3
11		750 Ω/2 W	1
12		1 kΩ/2 W	3
13		1.5 kΩ/2 W	1
14		2.0 kΩ/2 W	2
15		2.4 kΩ/2 W	1
16		3.0 kΩ/2 W	1
17		4.7 kΩ/2 W	1
18		10 kΩ/0.5 W	2
19		15 kΩ/0.5 W	2
20		33 kΩ/0.5 W	1
21		100 kΩ/0.5 W	2
22		150 kΩ/0.5 W	1
23	电位器	6.8 kΩ/3 W	1
24		10 kΩ/0.25 W	1
25		100 kΩ/0.25 W	1
26	电容 CBB	2 200 pF/63 V	1
27		0.01 μF/63 V	2
28		0.022 μF/63 V	1
29		0.047 μF/63 V	1
30		1 μF/63 V	2
31		2.2 μF/63 V	1

续表 A－1

序　号	模块名称	规　格	数　量
32	电解电容	10 μF/35 V	1
33		100 μF/35 V	2
34		1 000 μF/35 V	1
35	电容 2×50	220 μF/70 V	1
36	电感 2×19	10 mH	1
37	电感 4×50	10 mH	1
38	电感	100 mH	1
39	电感	150 mH	1
40	电感	200 mH	1
41	电感	250 mH	1
42	电感	300 mH	1
43	电感	350 mH	1
44	电感	400 mH	1

2. 电阻箱

图 A－16 所示为电阻箱面板示意图。

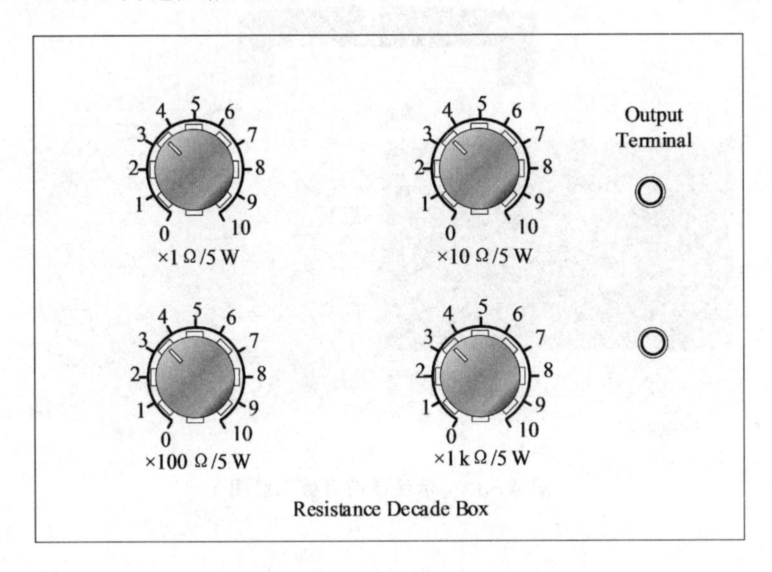

图 A－16　电阻箱面板示意图

A.2　实验室常用设备介绍

A.2.1　TBS1000B 示波器

示波器是一种用途十分广泛的电子测量仪器。它能把肉眼看不见的电信号变换成看得见的图像，便于人们研究各种电现象的变化过程。示波器分为模拟示波器和数字示波器，对于大多数的电子应用，这两种示波器都是可以胜任的，而对于一些特定的应用，由于它们所具备的特性不同，才会出现适合和不适合的地方。模拟示波器的工作方式是直接测量信号电压，并且通过从左到右穿过示波器屏幕的电子束在垂直方向描绘电压。数字示波器的工作方式是通过模/数转换器(ADC)把被测电压转换为数字信息。数字示波器捕获的是波形的一系列样值，并对样值进行存储，存储限度是判断累计的样值是否能描绘出波形，随后，数字示波器重构波形。

目前，就示波器工作原理详细介绍的参考书籍很多，这里不再赘述。下面重点介绍实验室使用的泰克 TBS1000B－EDU 示波器的主要功能。

1. 了解示波器

示波器的前面板示意图如图 A－17 所示，通常被分成几个易于操作的功能区。

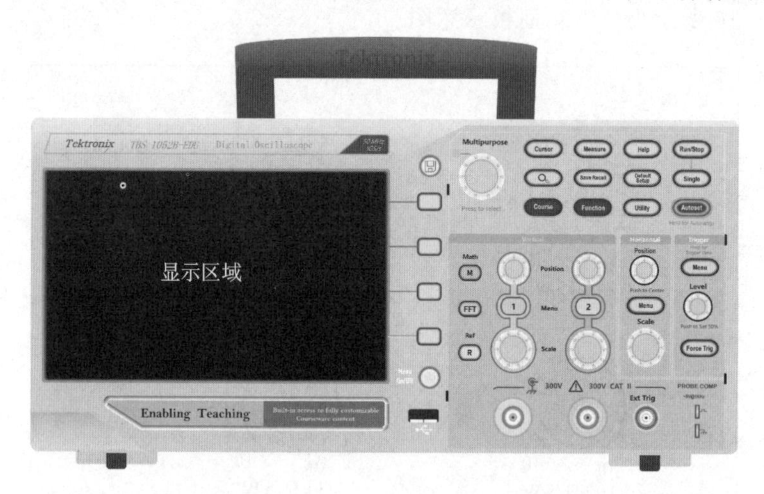

图 A－17　示波器前面板示意图

(1) 显示区域

图 A－18 所示的显示区域除显示波形外，还显示关于波形和示波器控制设置的详细信息。在任一特定时间，所有这些项不是都可见。菜单关闭时，某些读数会移出格线区域。

(2) 垂直控制区域

图 A－19 为垂直控制区域示意图，其中：

① Position(位置)：可垂直定位波形。

② Menu(菜单)：显示“垂直”菜单项并打开或关闭对通道波形显示。

③ Scale(标度)：选择垂直标度因子。

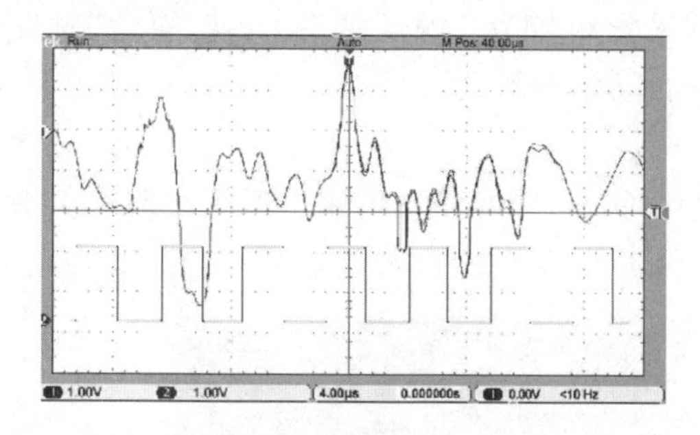

图 A-18　显示区域示意图

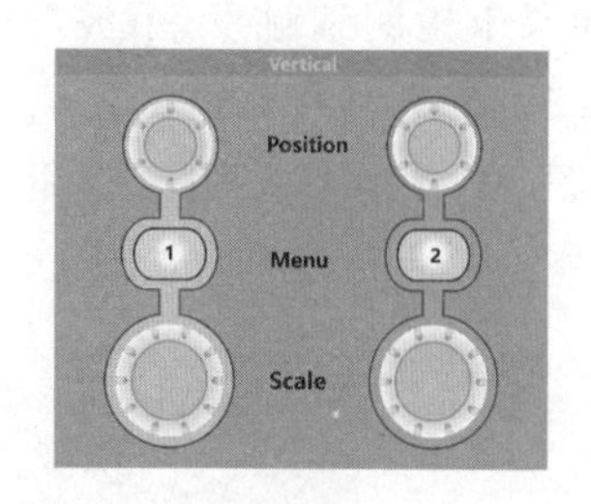

图 A-19　垂直控制区域示意图

(3) 水平控制区域

图 A-20 为水平控制区域示意图，其中：

① Position(位置)：调整所有通道和数学波形的水平位置。这一控制的分辨率随时基设置的不同而改变。

② Acquire(采集)：显示采集模式——采样、峰值检测和平均。

③ Scale(标度)：选择水平标度因子(时间/格)。

(4) 触发控制区域

图 A-21 为触发控制区域示意图，其中：

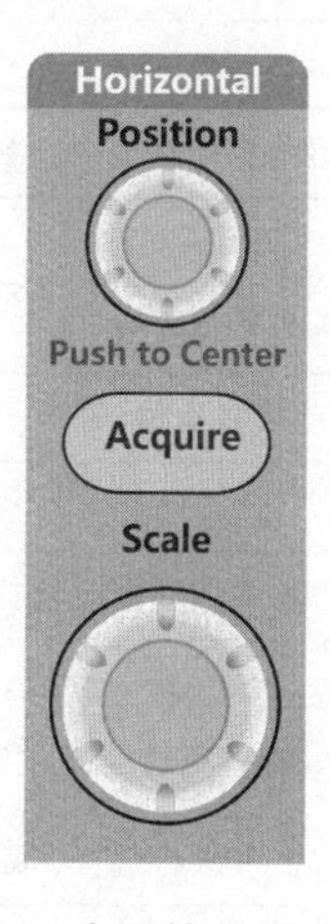

图 A-20　水平控制区域示意图

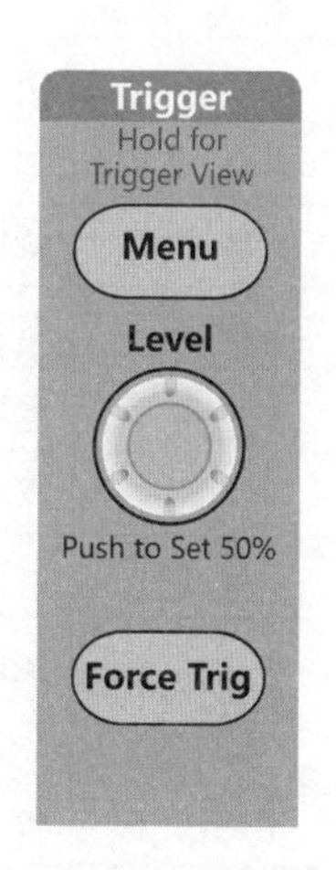

图 A-21　触发控制区域示意图

① Menu(触发菜单)：按下一次时，将显示触发菜单。按住超过 1.5 s 时，将显示触发视图，意味着，将显示触发波形而不是通道波形。可看诸如“耦合”之类的触发设置对触发信号的影响。释放该按钮将停止显示触发视图。

② 位置：使用边沿触发或脉冲触发时，位置旋钮设置采集波形时信号所必须越过的幅值电平。按下该旋钮可将触发电平设置为触发信号峰值的垂直中点(设置为50%)。

③ Force Trig(强制触发)：无论示波器是否检测到触发，都可以使用此按钮完成波形采集。此按钮可用于单次序列采集和“正常”触发模式。(在“自动”触发模式下，如果未检测到触发，示波器会定期自动强制触发。)

(5) 菜单和控制按钮区域

图A-22中，多用途旋钮(Multipurpose)通过显示的菜单或选定的菜单项来确定功能。激活时，相应的LED变亮。

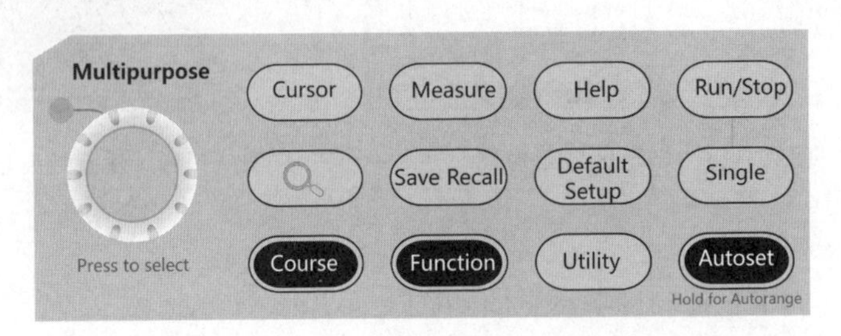

图A-22　菜单和控制按钮区域示意图

表A-2列出了多用途旋钮所有功能。

表A-2　多用途旋钮功能说明

活动菜单或选项	旋钮操作	功能说明
光标	旋转	滚动可定位选定光标
帮助	旋转，按下	加亮显示索引项。加亮显示主题链接。按下可选择加亮显示的项目
数学	旋转，按下	旋转可确定数学波形的位置和比例；滚动并按下可选择操作
FFT	旋转，按下	旋转并按下可选择信源、窗口类型和缩放值
测量	旋转，按下	旋转可加亮显示每个信源的自动测量类型，按下可进行选择
	旋转	滚动可定位选定选通光标
保存/调出	旋转，按下	旋转可加亮显示操作和文件格式，按下可进行选择
触发	旋转，按下	旋转可加亮显示触发类型、信源、斜率、模式、耦合、极性、同步、视频标准、触发操作，按下可进行选择。旋转可设置触发释抑和脉宽值
辅助功能	滚动，按下	滚动可加亮显示其他菜单项，按下可进行选择。旋转可设置背光值
垂直	滚动，按下	滚动可加亮显示其他菜单项，按下可进行选择
缩放	滚动	滚动可更改缩放窗口的比例和位置

① Save/Recall(保存/调出)：显示设置和波形的Save/Recall菜单。

② Measure(测量)：显示“自动测量”菜单。

③ Acquire(采集)：显示 Acquire 菜单。

④ Ref(参考波形)：显示 Reference Menu 以快速显示或隐藏存储在示波器非易失性存储器中的参考波形。

⑤ Utility(辅助功能)：显示 Utility 菜单。

⑥ Cursor(光标)：显示 Cursor 菜单。离开 Cursor 菜单后，光标保持可见(除非"类型"选项设置为"关闭")，但不可调整。

⑦ Help(帮助)：显示 Help 菜单。

⑧ Default Setup(默认设置)：调出厂家设置。

⑨ Autoset：自动设置示波器控制状态，以产生适用于输出信号的显示图形。按住超过 1.5 s 时，会显示"自动量程"菜单，并激活或禁用自动量程功能。

⑩ Single(单次)：(单次序列)采集单个波形，然后停止。

⑪ Run/Stop：连续采集波形或停止采集。

⑫ 保存：默认情况下，执行"保存"到 USB 闪存驱动器的功能。

(6) 输入连接器

图 A－23 为输入连接器示意图，其中：

① 1 & 2：用于显示波形的输入连接器。

② Ext Trig(外部触发)：外部触发信源的输入连接器。使用 Trigger Menu(触发菜单)选择 Ext 或 Ext/5 触发信源。按住"触发菜单"按钮可查看触发视图，其将显示诸如"触发耦合"之类的触发设置对触发信号的影响。

③ 探头补偿：探头补偿输出及机箱基准，用于将电压探头与示波器输入电路进行电气匹配。

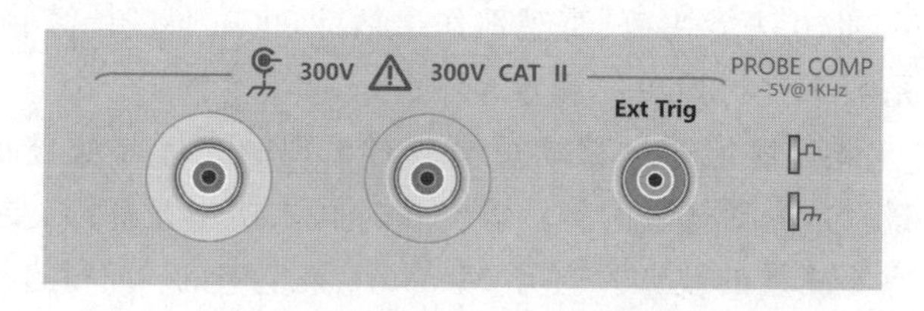

图 A－23 输入连接器示意图

(7) USB 闪存驱动器端口

在图 A－24 所示的 USB 插口中插入 USB 闪存驱动器，可以存储数据或检索数据。将数据存储到驱动器或从驱动检索数据时，LED 会闪烁，请等待 LED 停止闪烁后再拔出驱动器。

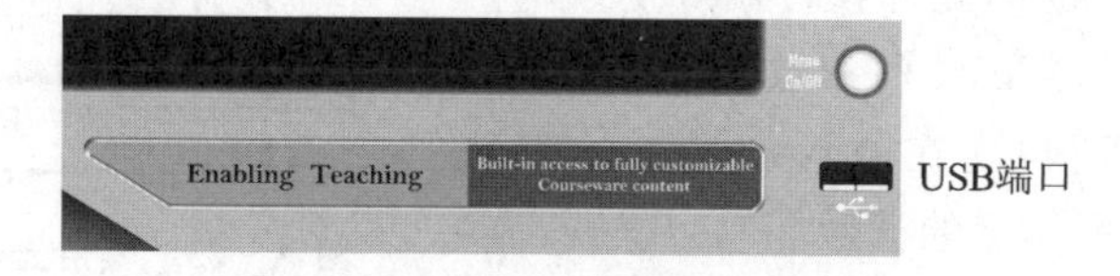

图 A－24 闪存驱动器端口示意图

2. 使用示波器

(1) 设　置

操作示波器时,应熟悉可能经常用到的几种功能:自动设置、自动量程、保存设置、调出设置和默认设置。

① 自动设置:每次按"自动设置"按钮,自动设置功能都会显示稳定的波形。它可以自动调整垂直标度、水平标度和触发设置。自动设置也可在刻度区域显示几个自动测量结果,这取决于信号的类型。

② 自动量程:"自动量程"是一个连续的功能,可以启用/禁用。此功能可以调节设置值,从而可在信号表现出大的改变或在您将探头移动到另一点时跟踪信号。要使用自动量程,可按下"自动设置"按钮超过 1.5 s。

③ 保存设置:关闭示波器电源前,如果在最后一次更改后已等待 5 s,示波器就会保存当前设置。下次接通电源时,示波器会调出此设置。可以使用 Save/Recall 菜单永久性保存 10 个不同的设置,还可以将设置保存到 USB 闪存驱动器。示波器上可插入 USB 闪存驱动器,用于存储和检索可移动数据。

④ 调出设置:示波器可以调出关闭电源前的最后一个设置、保存的任何设置或者默认设置。

⑤ 默认设置:示波器在出厂时设置为正常操作,这就是默认设置。要调出此设置,按下 Default Setup 按钮即可。

(2) 测　量

示波器将显示电压相对于时间的图形并帮助您测量显示波形。有几种测量方法:可以使用刻度、光标进行测量,或执行自动测量。

① 刻度测量　此方法能快速、直观地作出估计,也可通过计算相关的大、小刻度分度并乘以比例系数来进行简单的测量。

② 光标测量　此方法能通过移动总是成对出现的光标并从显示读数中读取它们的数值进行测量。光标测量有两类:幅度和时间。使用光标时,要确保将"信源"设置为显示屏上想要测量的波形。打开 Measure 菜单中的"测量选通"后,可使用光标定义测量选通区域。示波器会将执行的选通测量限制为两个光标之间的数据。要使用光标,可按下 Cursor 按钮。

- 幅度光标:幅度光标在显示屏上以水平线出现,如图 A－25 所示,可测量垂直参数。幅度是参照基准电平而言的。
- 时间光标:时间光标在显示屏上以垂直线出现,可测量水平参数和垂直参数。时间光标还包含在波形和光标的交叉点处的波形幅度的读数。

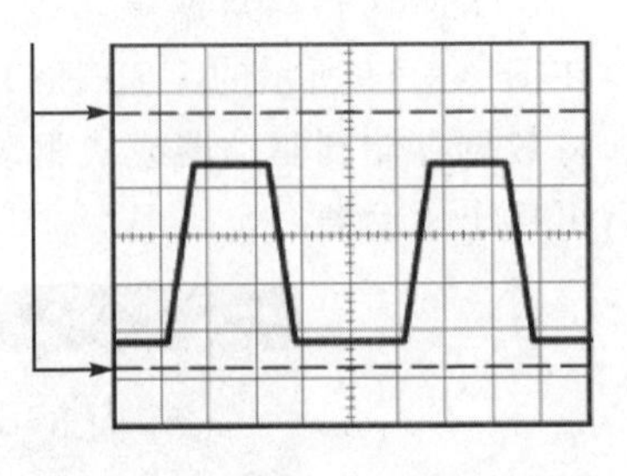

图 A－25　幅度光标测量示意图

③ 自动测量(Measure)　最多可采用 6 种

自动测量方法。如果采用自动测量，示波器会为您完成所有计算。因为这种测量使用波形的记录点，所以比刻度或光标测量更精确。自动测量使用读数来显示测量结果。示波器在采集新数据的同时对这些读数进行周期性更新。

A.2.2　HT1002P 功率信号发生器

HT1002P 是一款操作简便的多功能功率信号发生器。它可以输出正弦波、方波、三角波、脉冲波、斜波等多种波形，还有一个专用的输出大功率信号的输出端口。

1. 前面板控制件功能说明

图 A-26 为功率信号发生器前面板示意图，其中：

1 为电源开关(POWER)，按下时电源打开。

2 为频率范围选择开关(RANGE-Hz)，2 Hz～200 kHz，分六挡选择。每个开关上方的频率值为该挡的下限频率，其上限频率为下限频率的 10 倍。

3 为功能开关(FUNCTION)，选择主输出端口(OUTPUT)输出的波形，如方波、三角波或正弦波。

4 为衰减器(ATTENUATOR)，可通过设置 −20 dB 和 −40 dB 开关来选择 0 dB、−20 dB、−40 dB、−60 dB 衰减输出。

5 为幅度(AMPLITUDE)，调节输出信号幅度。

6 为主输出端口(OUTPUT)，输出由功能键、衰减键等设置的信号。

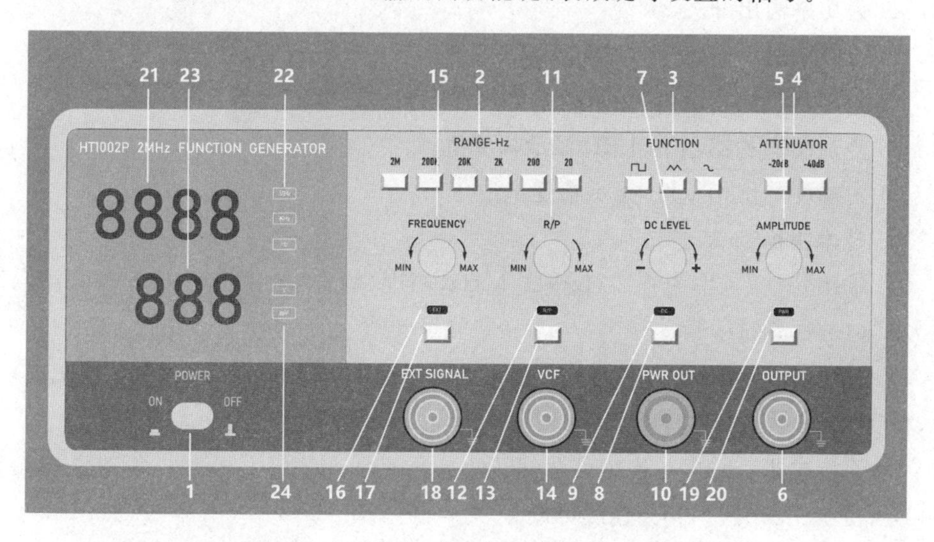

图 A-26　功率信号发生器前面板示意图

7 为直流调节旋钮(DC LEVEL)，功能如下：

- 当开关 8 按入时，指示灯 9 亮，可连续调节输出信号中直流电平，范围为 −10～+10 V；
- 当开关 8 按出时，指示灯 9 灭，输出信号直流电平为零。

8 为直流电平开关，按下时直流电平可调。

9 为直流电平开关指示灯，指示直流电平开关的状态。

10 为功率信号输出端(PWR OUT)，PWR 开关按下时，PWR 指示灯亮，输出功率信号。

11 为占空比调节(R/P)，功能如下：

- 当开关 13 按出时，输出信号占空比为 50%；
- 当开关 13 按入时，输出信号占空比在 10%～90%内连续可调。

12 为占空比开关指示灯，指示占空比开关的状态。

13 为占空比开关，按入时占空比可调。

14 为压控频输入端口(VCF)，由此端口输入一个电压信号，可控制输出信号的频率。

15 为频率微调(FREQUENCY)：频率覆盖范围 10 倍。

16 为外测频指示灯，外测频状态时指示灯亮。

17 为测频方式开关，按入时为外测频模式。

18 为外测频信号输入端。

19 为功率输出指示灯。

20 为功率输出开关。

21 为频率指示器，4 位 LED 显示频率值。

22 为频率单位指示灯，指示频率单位有 MHz、kHz、Hz。

23 为幅度指示器，3 位 LED 显示幅度值。

24 为幅度单位指示灯，指示幅度单位。

2. 技术指标

① 输出特性：频率为 0.2 Hz～20 MHz，幅度(峰值)为 1 mV～20 V(开路)，阻抗为 50(1±10%)Ω。

② 显示特性：频率为 4 位 LED 显示，精度为±0.5%+1 字，幅度为 3 位 LED 显示，精度为±5%+3 字。

③ 直流电平：±10 V 连续可调(开路)。

④ 占空比：10%～90%连续可调。

⑤ 衰减：−20 dB、−40 dB、−60 dB。

⑥ 正弦波失真：≤2%，1 kHz。

⑦ 方波上升时间：≤50 ns。

⑧ 三角波线性度：≥99%，1 kHz。

⑨ 功率输出：频率为 0.2 Hz～20 MHz，输出阻抗为 4 Ω，最大功率为 5 W。

A.2.3 GVT-417B 交流毫伏表

图 A-27 所示为通用交流电压表,可测量 300 μV~100 V(10 Hz~1 MHz)的交流电压。测量电压为 1 V 时,相应分贝值为 0 dB。整个测量范围内,分贝值范围为 -90~+41 dB,600 Ω(1 mW)dBm 范围为 -90~+43 dBm。

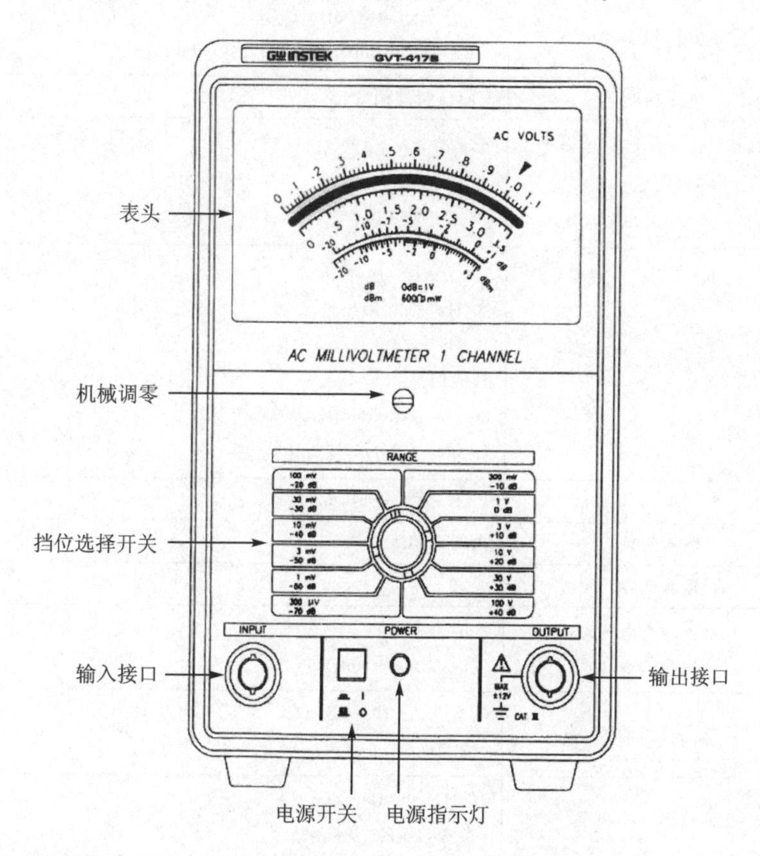

图 A-27 GVT-417B 交流毫伏表示意图

面板介绍:

① 表头,指示电压和 dB 读数。

② 机械调零。

③ 挡位选择开关:为方便读值,以 10 dB/挡的衰减选择合适的电压挡位。

④ 输入接口。

⑤ 输出接口。

GVT-417B 交流毫伏表技术指标如表 A-3 所列。

表 A-3 GVT-417B 交流毫伏表技术指标

电压范围	共 12 挡：300 μV，1 mV，3 mV，10 mV，30 mV，100 mV，300 mV，1 V，3 V，10 V，30 V，100 V
分贝范围	共 12 挡：−70～+40 dB(相邻挡位间隔 10 dB)
分贝刻度	−20～+1 dB(0 dB=1 V)， −20～+3 dBm(0 dBm=1 mV[600 Ω])
电压精度	1 kHz 时满刻度±3%
刻度值	正弦波为 V_{rms} 值， dB 值(0 dB=1 V) dBm 值(0 dBm=1 mV)
频率响应	300 μV 挡： 20 Hz～200 kHz，≤±3% 10 Hz～500 kHz，≤±10% 其他挡： 20 Hz～200 kHz，≤±3% 10 Hz～1 MHz，≤±10%
失真	1 kHz 满刻度时，≤2%
输入阻抗	大约 1 MΩ
输入电容	≤50 pF
最大输入电压 (DC+AC peak)	300 V(300 μV～1 V 挡) 500 V(3 V～100 V 挡)
交流输出电压	0.1 V_{rms}±10%，1 kHz (满刻度，无负载)
交流输出频率响应	10 Hz～1 MHz，≤±3% (参考：1 kHz，无负载)

A.2.4 MS2108A 钳形数字万用表

图 A-28 所示是一款性能稳定、安全可靠的 33/4 位新型交直流钳形数字万用表，可用于测量交直流电压、交直流电流、电阻、二极管、电路通断、电容、频率/占空比等。

1. 测量操作说明

(1) 电流测量

① 将量程开关置于 40 A 或 400 A 量程位置，此时为交流电流测量状态。

② 按下扳机，张开钳头，把被测电流导线夹在钳内。注意，夹住两根或过多导线，将得不到正确的结果。

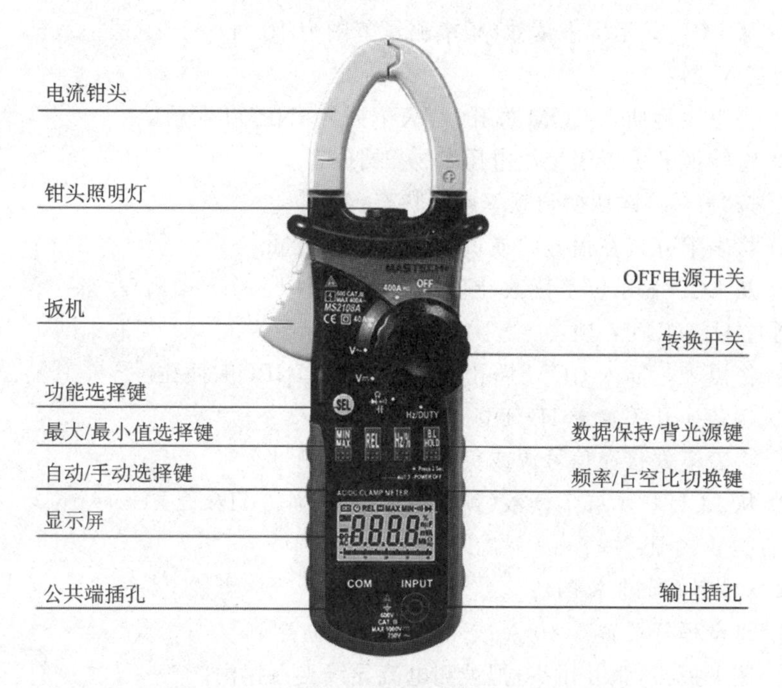

图A-28 MS2108A钳形数字万用表示意图

③ 从LCD显示屏上读数(有效值)。

④ 按SEL键进入直流电流测量,若此时LCD显示不为零,按REL自动回零。

⑤ 从LCD显示屏上读数。

(2) 交流电压测量

① 将黑表笔插入COM插孔,红表笔插入INPUT插孔。

② 将转换开关置于交流电压"V～"挡位置。

③ 将表笔置于被测量处。

④ 从LCD显示屏上读数。

(3) 直流电压测量

① 将黑表笔插入COM插孔,红表笔插入INPUT插孔。

② 将转换开关置于交流电压"V⎓"挡位置。

③ 将表笔并接在信号源或负载两端进行测量。

④ 从LCD显示屏上读数,极性表示红表笔所接端的极性。

(4) 频率测量

- 钳头测频(通过A挡):

  ① 将量程开关置于40 A或400 A量程位置。

  ② 按下扳机,张开钳头,把被测电流导线夹在钳内。

  ③ 按"Hz%"键切换到频率测量状态。

④ 从 LCD 显示屏上读数(频率测量范围为 10 Hz～1 kHz)。

● 通过 V 挡:

① 将黑表笔插入 COM 插孔,红表笔插入 INPUT 插孔。

② 将转换开关置于交流电压"V～"挡位置。

③ 按"Hz%"键切换到频率测量状态。

④ 将表笔并接在信号源或负载两端进行测量。

⑤ 从 LCD 显示屏上读数(频率测量范围为 10 Hz～1 kHz)。

● 通过 Hz/DUTY 挡:

① 将黑表笔插入 COM 插孔,红表笔插入 INPUT 插孔。

② 将转换开关置于 Hz/DUTY 挡位置。

③ 将表笔并接在信号源或负载两端进行测量。

④ 从 LCD 显示屏上读数(频率测量范围为 10 Hz～1 kHz)。

(5) 占空比测量

● 钳头测频(通过 A 挡):

① 将量程开关置于 40 A 或 400 A 量程位置。

② 按下扳机,张开钳头,把被测电流导线夹在钳内。

③ 按"Hz%"键切换到占空比测量状态。

④ 从 LCD 显示屏上读数(占空比的测量范围为 10%～95%)。

● 通过 V 挡:

① 将黑表笔插入 COM 插孔,红表笔插入 INPUT 插孔。

② 将转换开关置于交流电压"V～"挡位置。

③ 按"Hz%"键切换到占空比测量状态。

④ 将表笔并接在信号源或负载两端进行测量。

⑤ 从 LCD 显示屏上读数(占空比的测量范围为 10%～95%)。

● 通过 Hz/DUTY 挡:

① 将黑表笔插入 COM 插孔,红表笔插入 INPUT 插孔。

② 将转换开关置于 Hz/DUTY 挡位置。

③ 按"Hz%"键切换到占空比测量状态。

④ 将表笔并接在信号源或负载两端进行测量。

⑤ 从 LCD 显示屏上读数(占空比的测量范围为 10%～95%)。

(6) 电阻测量

① 将黑表笔插入 COM 插孔,红表笔插入 INPUT 插孔。

② 将转换开关置于挡位置。

③ 将表笔并接在信号源或负载两端进行测量。

④ 从 LCD 显示屏上读数。

(7) 二极管测试

① 将黑表笔插入 COM 插孔,红表笔插入 INPUT 插孔。

② 将转换开关置于挡位置。

③ 将 SEL 按钮切换到二极管测试状态。

④ 将红表笔接到二极管的正极,黑表笔接到二极管的阴极进行测试。

⑤ 从 LCD 显示屏上读数(仪表显示二极管正向压降的近似值,如表笔反接或开路,则 LCD 显示"OL")。

(8) 线路通断测试

① 将黑表笔插入 COM 插孔,红表笔插入 INPUT 插孔。

② 将转换开关置于挡位置。

③ 将 SEL 按钮切换到测试状态。

④ 将表笔并接到线路两端进行测试。

⑤ 如果被测线路的电阻小于 40 Ω,仪表内部蜂鸣器将会发声。

⑥ 从 LCD 显示屏上读取线路阻值,开路则显示"OL"。

(9) 测量电容

① 将黑表笔插入 COM 插孔,红表笔插入 INPUT 插孔。

② 将转换开关置于挡位置。

③ 将 SEL 按钮切换到测试状态。

④ 将表笔并接到电容两端进行测试。

⑤ 从 LCD 显示屏上读数。

2. 技术指标

MS2108A 钳形数字万用表技术指标如表 A-4 所列。

表 A-4 MS2108A 钳形数字万用表技术指标

功 能	量 程	分辨力	精 度
交流电流	40 A	0.01 A	±(2.0%读数+6 字)
	400 A	0.1 A	
交流电压	4 V	0.001 V	±(0.8%读数+3 字)
	40 V	0.01 V	
	400 V	0.1 V	
	750 V	1 V	±(1.0%读数+4 字)
直流电流	40 A	0.01 A	±(2.0%读数+6 字)
	400 A	0.1 A	

续表 A-4

功　能	量　程	分辨力	精　度
直流电压	400 mV	0.1 mV	±(1.0%读数+2 字)
	4 V	0.001 V	±(0.7%读数+2 字)
	40 V	0.01 V	
	400 V	0.1 V	
	1 000 V	1 V	±(0.8%读数+2 字)
电阻	400 Ω	0.1 Ω	±(0.8%读数+3 字)
	4 kΩ	0.001 kΩ	
	40 kΩ	0.01 kΩ	
	400 kΩ	0.1 kΩ	
	4 MΩ	0.001 MΩ	±(1.2%读数+3 字)
	40 MΩ	0.1 MΩ	
电容	400 nF	0.1 nF	±(4.0%读数+5 字)
	4 μF	0.001 μF	
	40 μF	0.01 μF	
	400 μF	0.1 μF	
	4 000 μF	1 μF	
频率（交流电压）	99.99 Hz	0.01 Hz	±(1.5%读数+5 字)
	999.9 Hz	0.1 Hz	
	9.999 kHz	0.001 kHz	
频率（钳形电流）	99.99 Hz	0.01 Hz	±(1.5%读数+5 字)
	999.9 Hz	0.1 Hz	
占空比	10%～99.9%	0.1%	±3.0%

A.2.5　兆欧表

测量电器的绝缘电阻时，一般选用兆欧表。兆欧表有手摇式和数字式，图 A-29 所示为实验室用的 ZC25-4 型手摇式兆欧表。手摇式兆欧表主要由手摇直流发电机、磁电系比率表和测量线路组成。兆欧表的额定电压要与被测电气设备或线路的工作电压相匹配，例如，500 V 以下的设备一般用 500 V 的兆欧表；高压瓷瓶、母线、刀闸一般用 2 500～5 000 V 的兆欧表。

1. 兆欧表的特点

(1) 指针的随意性

由于兆欧表中的游丝只做导流之用而不产生反抗力矩，因此在测量之前其指针可以停留在任意位置(不必在零位)，只要操作正常都不影响最后的读数。

(2) 工作电压高

当兆欧表工作(以一定转速摇动)时,两表笔间的电压为 500～5 000 V(视型号而不同),但此时内阻很大。发电机式兆欧表两表笔可以短路(短路时电流也就几毫安)。

(3) 比一般仪表多了一个"G"接线端

兆欧表测量端有三个端子:L 称为线路端子;E 称为接地端子;G 称为屏蔽端子。屏蔽端子又称为保护环,其内部直接与发电机正极相连,在测量电缆绝缘电阻时要使用 G 端。

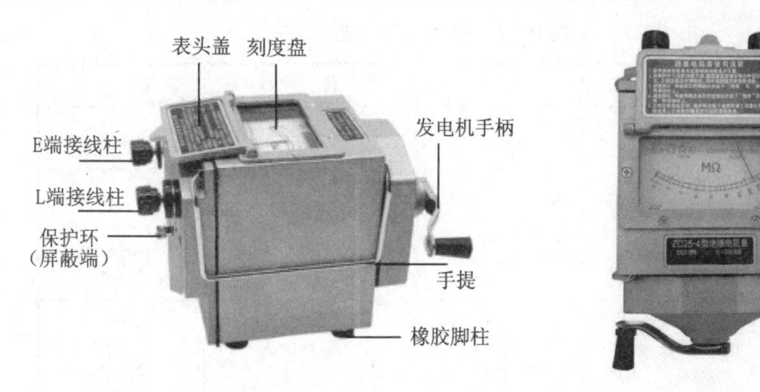

图 A－29 兆欧表外形图

2. 兆欧表的使用步骤

① 用兆欧表测量设备的绝缘电阻前,应先切断设备电源。对于具有较大电容、电感的设备(如电容器、变压器、电机、电缆线路等),必须先进行放电,大容量设备至少放电 5 min。放电时,手勿直接接触放电导线。

② 根据待测设备表面脏污及潮湿情况,决定是否采取表面屏蔽或需要烘干及清洁表面脏污,以消除表面脏污对绝缘电阻的影响。

③ 常态下,兆欧表指针可以指在任意位置。使用前,还需检验兆欧表是否指 0 或∞。将兆欧表放置平稳,确保 L 端与 E 端开路,驱动兆欧表达额定转速(一般为 120 r/min,±20%),此时兆欧表的指针应指向∞位;再用表笔短接兆欧表的 L 端与 E 端,瞬间低速旋转,其指针应指 0 位(注意:短路实验时,应瞬间低速旋转,以免损坏兆欧表)。

④ 测量时,"L"接在被测物和大地绝缘的导体部分,"E"接在被测物的外壳或大地,"G"接在被测物的屏蔽环上。驱动兆欧表至额定转速(120 r/min,±20%),待指针稳定后,读取绝缘电阻的数值。测量中若发现指针指零,应立即停止摇动手柄。

⑤ 读数完毕,先断开接至待测设备的 L 端,然后再将兆欧表停止运转,以免待测设备所充电荷经兆欧表放电而损坏兆欧表。这一点在测试大容量设备时更应引起注意。

⑥ 注意测试时,L 与 E 的端子引线不要绞在一起,且采用绝缘良好的导线;兆欧表未停止转动前,切勿触碰金属裸露部分。

⑦ 兆欧表应定期校验。校验方法:选一标准电阻进行测量,检查测量值是否在允许范围内。

附录 B　指针式电工仪表表盘上常用的符号及其意义

表 B-1　仪表工作原理的符号

名　称	符　号	名　称	符　号
磁电系仪表		电动系比率表	
磁电系比率表		铁磁电动系仪表	
电磁系仪表		感应系仪表	
电磁系比率表		静电系仪表	
电动系仪表		整流系仪表	

表 B-2　电流种类的符号

名　称	符　号	名　称	符　号
直流		具有单元件的三相平衡负载交流	
交流(单相)	~	具有两元件的三相不平衡负载交流	
直流与交流		具有三元件的三相四线不平衡负载交流	

表 B-3　准确度等级的符号

准确度等级	符　号
以标度尺上量限百分数表示的准确度等级(例如:1.5 级)	1.5
以标度尺长度百分数表示的准确度等级(例如:1.5 级)	1.5
以指示值的百分数表示的准确度等级(例如:1.5 级)	1.5

表 B-4　工作位置的符号

标度尺位置	符　号
标度尺位置为垂直的	⊥
标度尺位置为水平的	⊓
标度尺位置与水平面倾斜成一角度(例如:60°)	∠60°

表 B-5　绝缘强度符号

名　称	符　号	名　称	符　号
不进行绝缘强度试验	☆(0)	绝缘强度试验电压为 2 kV	☆(2)
绝缘强度试验电压为 500 V	☆	危险(测量线路与外壳间的绝缘强度不符合标准规定,符号为红色)	ϟ

表 B-6　按外界条件分组符号

名　称	符　号	名　称	符　号
Ⅰ级防外磁场(例如:磁电系)	[∩]	A 组仪表	△A
Ⅰ级防外电场(例如:静电系)	[‡]	A1 组仪表	$△A_1$
Ⅱ级防外磁场及电场	[Ⅱ][Ⅱ]	B 组仪表	△B
Ⅲ级防外磁场及电场	[Ⅲ][Ⅲ]	B1 组仪表	$△B_1$
Ⅳ级防外磁场及电场	[Ⅳ][Ⅳ]	C 组仪表	△C

表 B-7　端钮及调零器符号

名　称	符　号	名　称	符　号
负端钮	−	接地端	⏚
正端钮	+	与外壳相连接的端钮	⊥
公共端钮(多量限仪表)	✳	与屏蔽相连接的端钮	◌
交流端钮	～	与仪表可动线圈连接的端钮	-⊀-
电源端钮(功率表、无功功率表、相位表)	✳	调零器	↷

附录C　Multisim 软件应用简介

Multisim 是美国国家仪器(NI)有限公司推出的 EDA 工具软件,专门用于电路仿真设计。该软件将业界标准的 SPICE 仿真与交互式电路图设计环境集成在一起,操作简便、功能强大,不仅可以作为学生学习电路分析、电工学、模拟电子技术、数字电子技术等课程的重要辅助软件,而且可以作为电子工程师进行实际电子系统仿真和设计的有效工具。

Multisim 14 进一步完善了以前版本的基本功能,而且还增加了一些新的功能。其特点如下:

① 对探针功能进行了重新设计。全新的电压、电路、功率等探针,可以帮助使用者更加快速、方便地获取电路的性能。

② 功能强大的 SPICE(Simulation Program with Intergrated Circuit Emphasis)仿真,能对模拟电路、数字电路、数/模混合电路和射频(RF)电路等进行交互式仿真。

③ 虚拟仪器测试和分析功能。20 余种虚拟仪器和分析功能为电路性能的测试和分析提供了强有力的支持。全新的主动分析模式能让用户更快速地获得仿真分析结果。

④ 可实现与 LabVIEW 联合仿真。利用 LabVIEW 可采集处理外部真实信号,进一步丰富了 Multisim 14 的应用领域。

⑤ 配置了虚拟 ELVIS,以帮助初学者快速掌握实验技能,收到与搭建实物电路相似的效果。

⑥ 针对 iPad 开发的 Multisim Touch,使用户可以在 iPad 上进行交互式电路仿真和分析。

C.1　操作环境

C.1.1　主界面

运行 Multisim 14 即可进入主界面。Multisim 以图形界面为主,与一般 Windows 应用软件的界面相似。主界面由菜单栏、工具栏、电路编辑窗口、仪表工具栏和信息显示窗口、项目管理窗口等组成,如图 C-1 所示。

C.1.2　菜单栏

菜单栏位于主窗口的最上方,包括 File、Edit、View、Place、MCU、Simulate、Tools、Options 等 12 个主菜单,每个主菜单又包含若干子菜单。Multisim 14 的所有功能基本都能通过菜单操控。

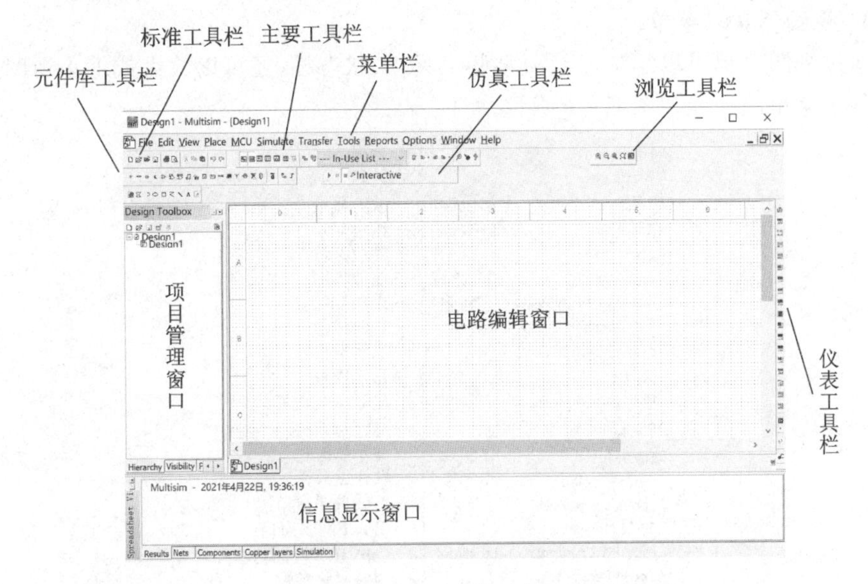

图 C-1 主界面

1. 文件(File)菜单

文件菜单主要用于管理电路文件,包含了对文件和项目的基本操作以及打印等命令。各子菜单的功能如图 C-2 所示。

2. 编辑(Edit)菜单

编辑菜单主要在电路绘制过程中使用,对电路和元器件进行技术处理。各子菜单的功能如图 C-3 所示。

图 C-2 File 菜单

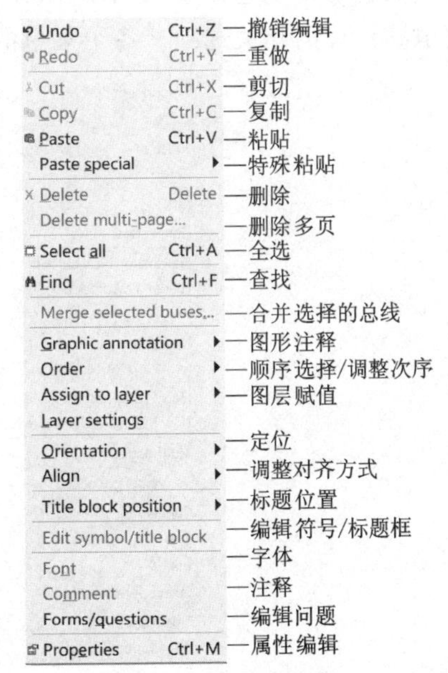

图 C-3 Edit 菜单

3. 视图(View)菜单

通过视图菜单可以添加或隐藏某些工具栏、状态栏,还可以放大或缩小视图尺寸等。各子菜单的功能如图 C-4 所示。

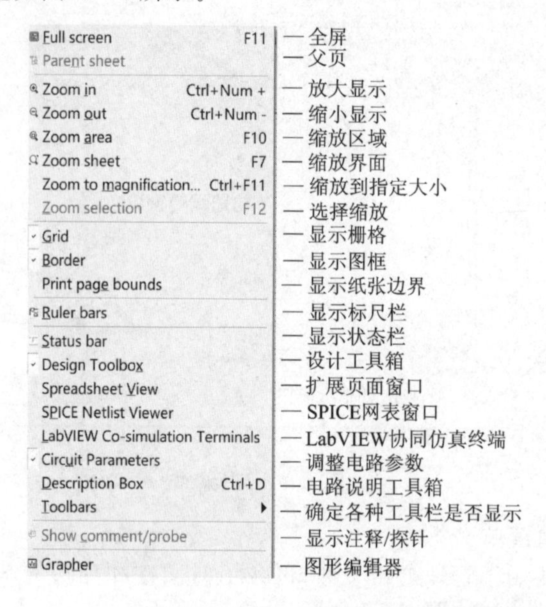

图 C-4 View 菜单

4. 放置(Place)菜单

放置菜单里包括放置元器件、连接点、线和文字等常用的元素,还包括有关层次化电路设计的相关选项。各子菜单的功能如图 C-5 所示。

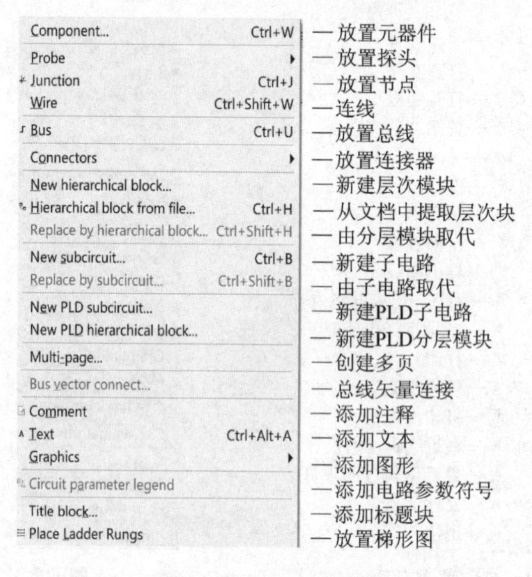

图 C-5 Place 菜单

5. MCU菜单

MCU菜单用于进行单片机仿真。各子菜单的功能如图C-6所示。

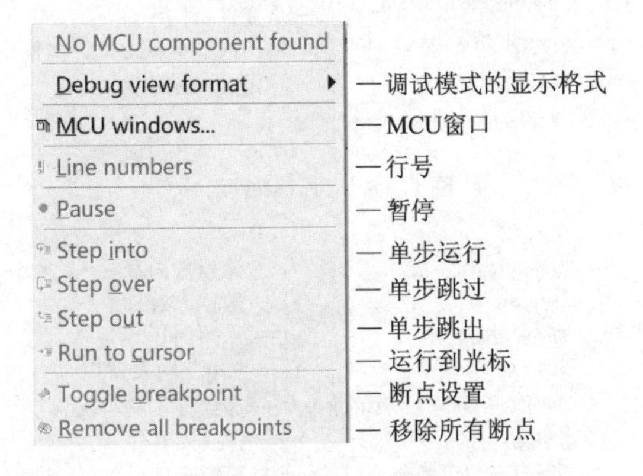

图C-6　MCU菜单

6. 仿真(Simulate)菜单

仿真菜单里包括与电路仿真相关的选项。各子菜单的功能如图C-7所示。

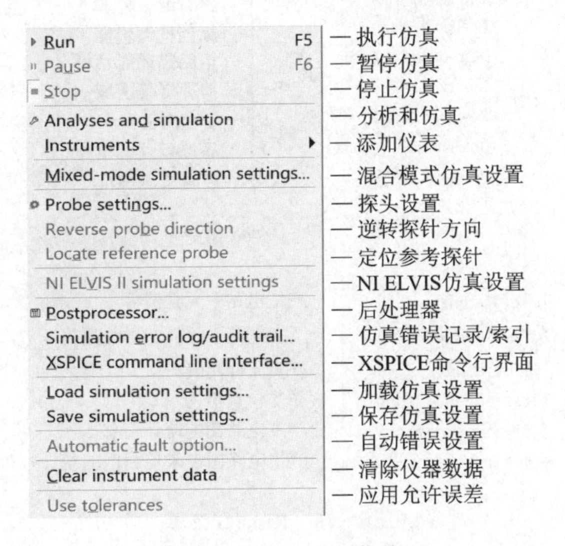

图C-7　Simulate菜单

7. 文件传输(Transfer)菜单

用于将创建的电路及分析结果传输给其他应用程序，如PCB、Excel等。各子菜单的功能如图C-8所示。

8. 工具(Tools)菜单

主要用于编辑、管理元器件。各子菜单的功能如图C-9所示。

9. 报告(Reports)菜单

产生当前电路的各种报告。各子菜单的功能如图C-10所示。

Transfer to Ultiboard — 将电路图转换为Ultiboard文件
Forward annotate to Ultiboard — 正向注解到Ultiboard
Backward annotate from file... — 从文件反向标注
Export to other PCB layout file... — 输出成其他PCB设计文件
Export SPICE netlist... — 导出SPICE网表
Highlight selection in Ultiboard

图 C-8　**Transfer 菜单**

图 C-9　**Tools 菜单**

Bill of Materials — 产生电路中元件清单
Component detail report — 产生电路中元件的详细报告
Netlist report — 产生元件网表
Cross reference report — 交叉信息报告
Schematic statistics — 产生电路图的统计信息
Spare gates report — 产生电路图中未使用门的统计报告

图 C-10　**Reports 菜单**

10. 选项(Options)菜单

通过选项菜单可以对软件的运行环境进行定制和设置。各子菜单的功能如图 C-11 所示。

11. 窗口(Window)菜单

用于管理窗口的显示方式。各子菜单的功能如图 C-12 所示。

12. 帮助(Help)菜单

提供对 Multisim 的帮助。各子菜单的功能如图 C-13 所示。

图 C-11 Options 菜单

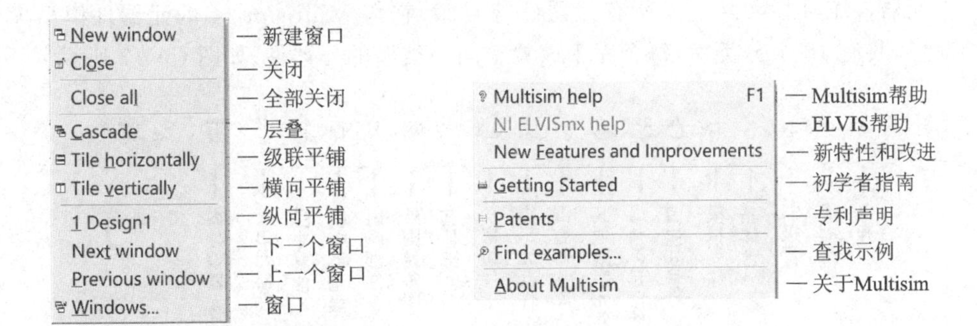

图 C-12 Window 菜单

图 C-13 Help 菜单

C.1.3 常用工具栏

Multisim 在工具栏中提供了大量的工具按钮，用户可以方便、快捷地使用。通过 View→Tool bars 菜单项，选取需要显示在界面上的工具栏。根据功能划分，常用工具栏主要有标准工具栏、主工具栏、元件库工具栏、仿真工具栏及仪表工具栏等。

1. 标准工具栏(Standard toolbar)

标准工具栏里有新建、打开、打印、保存、剪切等常用的工具按钮，如图 C-14 所示。

图 C-14 标准工具栏

2. 主工具栏(Main toolbar)

主工具栏包含了 Multisim 的一般性功能按钮。其中 In Use List(元器件列表)列出了当前电路中使用的全部元器件，以供检查或重复调用，如图 C-15 所示。

图 C-15 主工具栏

3. 仿真工具栏(Simulation toolbar)

仿真工具栏提供了仿真和分析电路的快捷工具按钮，包括运行、暂停、停止和活动分析功能按钮，如图 C－16 所示。

图 C－16　仿真工具栏

4. 元器件工具栏(Component toolbar)

元器件工具栏实际上是所有元器件符号库，它与 Multisim 14 的元器件模型库相对应，共有 18 个分类库，每个库中放置着同一类型的元器件，如图 C－17 所示。

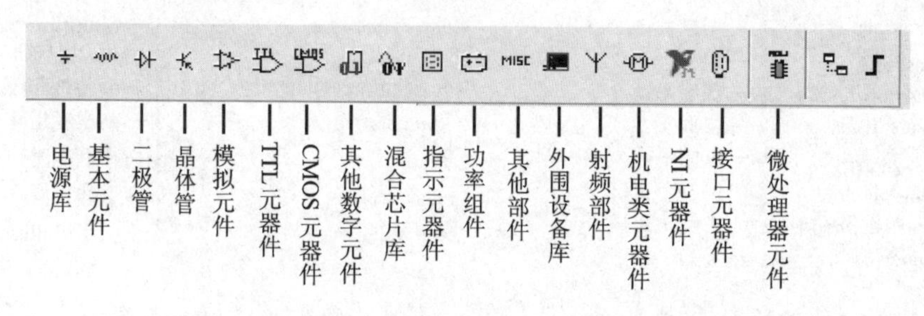

图 C－17　元器件工具栏

电工实验中常用的元件库如下：

(1) 电源库(Source)

电源库中有功率源(Power Sources)、信号源(Signal Sources)、控制源(Control Sources)等。

◇ 功率源

功率源主要包括 AC POWER(交流源)、DC POWER(直流源)、THREE PHASE DELTA(三角形三相电源)、THREE PHASE WYE(Y 形三相电源)、V_{CC} 电压源、V_{DD} 电压源等各种功率源和 GROUND(接地端)、DGND(数字接地端)等接地端，它们种类不同，应用范围也不同。Multisim 电路一般必须要有接地端，否则仿真时会报错。数字接地端只用于含数字元件的电路，通常不与任何器件相连，仅象征性地置于电路中。如果要接 0 V 电位，还是用一般接地端。

◇ 信号源

信号源主要包括交流电压源(AC VOLTAGE)、调幅电压源(AM VOLTAGE)、调频电压源(FM VOLTAGE)、时钟电压源(CLOCK VOLTAGE)、脉冲电压源(PULSE VOLTAGE)、直流电流源(DC CURRENT)、交流电流源(AC CURRENT)、脉冲电流源(PULSE CURRENT)及时钟电流源(CLOCK CURRENT)等。

(2) 基本元件库(Basic)

基本元件库主要包括开关(SWITCH)、继电器(RELAY)、普通电阻(RESIS-

TOR)、普通电容(CAPACITOR)、电解电容(CAP ELECTROLIT)、电感(INDUCTOR)、变压器(TRANSFORMER)、可变电容(VARIABLE CAPACITOR)、可变电感(VARIABLE INDUCTOR)、可变电阻(VARIABLE RESISTOR)、电位计(POTENTIOMETER)及上拉电阻(RPACK)等基本元件。

◇ 开　关

开关包含了电流控制开关(CURRENT-CONTROLLED SWITCH)、电压控制开关(VOLTAGE-CONTROLLED SWITCH)、单刀双掷开关(SPDT)、单刀单掷开关(SPST)及时间延迟开关(TD SWI)。电流控制开关是用流过开关线圈的电流大小来控制开关动作的。电压控制开关类似于电流控制开关,用开关线圈的电压大小来控制开关动作。单刀双掷开关和单刀单掷开关都是通过计算机键盘来控制其通断状态的。可以双击元件,在其属性对话框中设置字母来控制它。仿真时单击该字母便可改变开关的通断状态。

◇ 电位计

双击元件,可在属性对话框中的Value项中设置电位计的阻抗、字母控制键和增大/减小值(百分比)。仿真时单击该字母键,则电位计的值按设定的增大值增大;同时单击Shift键和该字母键,则电位计的值按设定的减小值减小。

可变电阻、可变电容和可变电感的设定及使用方法同电位器。

(3) 指示元器件库(Indicator)

指示部件库中含有电压表、电流表、电平探测器、蜂鸣器、灯泡、虚拟灯泡、数码管和电压指示条共8类元件,主要是用来显示电路仿真结果的元器件。

◇ 电压表(Voltmeter)和电流表(Ammeter)

电压表用来测量交、直流电压,电流表用来测量交、直流电流。可以双击图标进入属性对话框设置测量交流或直流。电压表使用时应并联在电路中,电流表应串联在电路中。放置表时可以根据需求选择表的接线端子是上下还是左右。

◇ 电平探测器(Probe)

电平探测器相当于一个发光二极管。它只有一个接线端,测量时只需将其接入待测点处,主要用来测量电路中某点的电平。双击电平探测器,可以设置阈值电压。当电压高于阈值电压时,电平探测器显示颜色或闪烁。

◇ 蜂鸣器(Buzzer)

蜂鸣器是通过计算机自带的扬声器发出声音的。蜂鸣器的工作参数可根据需要设置,双击蜂鸣器可以改变蜂鸣器电压、电流和频率设定值。当加在其端口的电压超过设定电压时,蜂鸣器就按设定的频率鸣响。

◇ 灯泡(Lamp)与虚拟灯泡(Virtual Lamp)

灯泡的工作电压和功率不可设置。当加在灯泡上的电压过大时,灯泡会烧坏。而虚拟灯泡相当于电阻元件,其工作电压和功率可在属性对话框中设置。其他与现实灯泡相同。

◇ 十六进制数码管(Hex Displays)和条形光柱(Bar Graphs)

数码管可以显示 0～9、A～F 之间的 16 个数。条形光柱可以显示输入电压的高低，且可以设置基准电压。当输入电压为设置电压时，满格显示；当输入电压小于设置电压时，按比例显示。

5. 仪表工具栏

Multisim 14 提供了 21 种虚拟仪器仪表来对电路的工作状态进行测试。这些仪表的外观及使用方法和实际仪表类似。仪表工具栏在主界面的右侧，关于虚拟仪器仪表的具体使用方法参见 C. 2。

C. 2 常用仪器仪表的使用

在实际实验过程中我们会用到各种仪器仪表，这些仪表大多比较昂贵，而且会有损坏的可能。Multisim 14 提供了多种虚拟仪器仪表，可放在线路图中用于测试分析电路。虚拟仪表位于主界面的右侧，单击选中后用鼠标拖放到电路编辑窗口，然后将仪表图标中的连接端与相应电路相连。设置仪器的参数时，只需双击仪表图标，便可以打开仪器面板，在相应的对话框中进行参数设置。

C. 2. 1 数字万用表(Multimeter)

虚拟数字万用表的作用与实际数字万用表相同，能够完成交直流电压、交直流电流和电阻等的测量与显示。虚拟数字万用表的使用方法和实际数字万用表基本相同，其优势在于能自动调节量程。其图标和面板如图 C-18 所示。

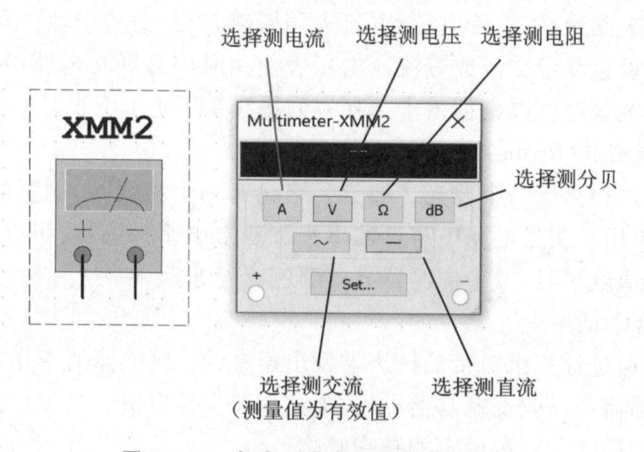

图 C-18 数字万用表的图标和面板

C. 2. 2 函数信号发生器(Function Generator)

函数信号发生器可以提供正弦波、方波和三角波三种不同波形的信号。其图标和面板如图 C－19 所示。

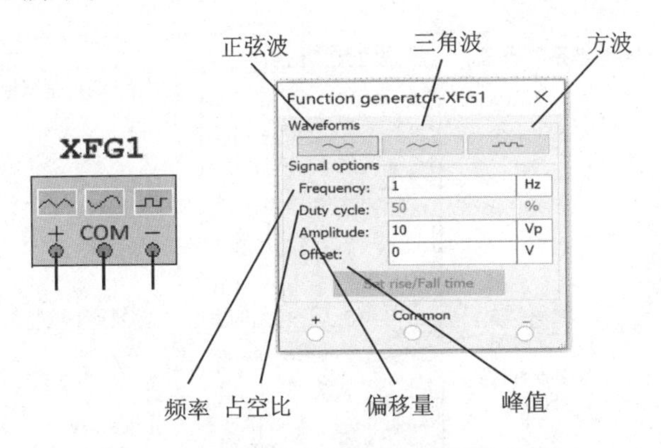

图 C－19　函数信号发生器的图标和面板

该仪器连接时须注意：

① 当输出用"＋"和 Common(公共端)时，输出信号为正极性，其幅值等于信号发生器的有效值。

② 当输出用"－"和 Common(公共端)时，输出信号为负极性，其振幅等于信号发生器的有效值。

③ 当输出用"＋"和"－"时，输出信号的振幅是信号发生器有效值的 2 倍。

C.2.3　功率表/瓦特表(Wattmeter)

功率表用于测量交、直流电路的功率及功率因数，其图标和面板如图 C－20 所示。功率表有两组端子：左边标记 V 的两个端子用于测量电压，与所要测量的电路并联；右边标记 I 的两个端子用于测量电流，与所要测量的电路串联。

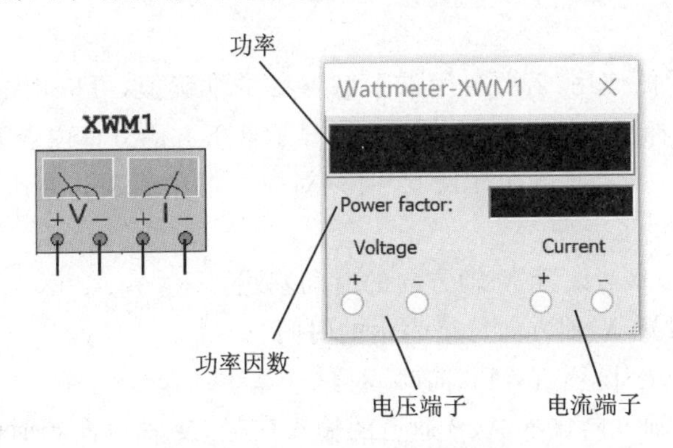

图 C－20　功率表的图标和面板

C.2.4　两通道示波器(Oscilloscope)

示波器用来观察信号波形并测量信号振幅、频率及周期等参数。其图标和面板如图 C－21 所示。

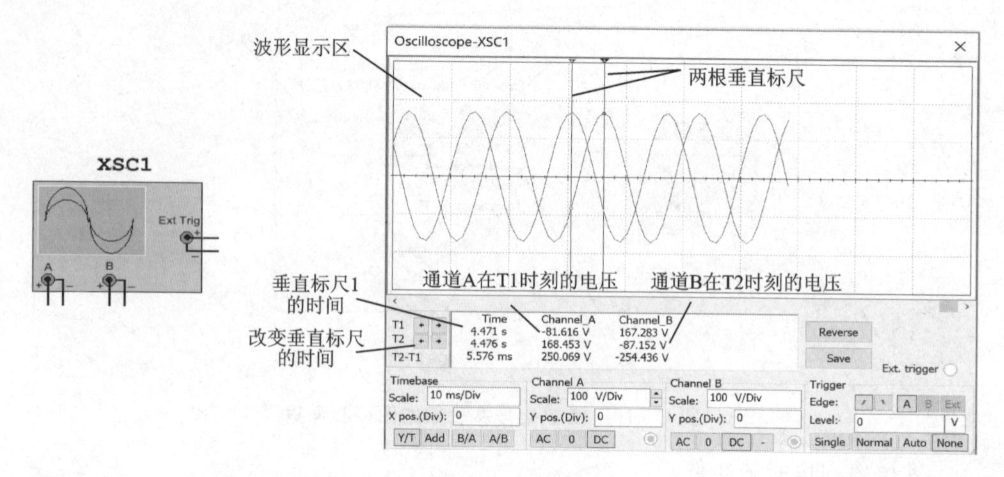

图 C－21　两通道示波器的图标和面板

1. 示波器的连接

两通道示波器是一种双踪示波器。该仪器共有 6 个端子，分别为 A 通道的正负端、B 通道的正负端和外触发的正负端。连接时要注意它与实际示波器的不同。其连接规则如下：

① A、B 两个通道的正端分别只需一根线与被测点相连，测量的是该点与地之间的波形。

② 通道"－"端通常接地，但当电路中已有接地符号时，也可不接。

③ 若需测量器件两端的信号波形，只需将 A 或 B 通道的正负端与器件两端相连即可。

2. 面板简介

① 垂直标尺的使用：若要显示波形各参数的准确值，可以用鼠标拖动波形显示区中的两根垂直标尺到需要的位置。波形显示区下方的方框内会显示两根垂直标尺的时间值(T1、T2)、两通道在 T1、T2 时刻对应的电压值及其差值，这为信号的周期和幅值等测试提供了方便。

② Timebase 区：设置 X 轴方向的时间基线。

- Scale：设置 X 轴方向每格表示的时间。
- X position：设置 X 轴方向时间扫描(基线)的起始位置。
- Y/T：Y 轴方向显示 A、B 通道的输入信号，X 轴方向为时间基线，并按设置时间进行扫描。这是最常用的设置。
- B/A：表示将 A 通道作为 X 轴扫描信号，将 B 通道信号施加于 Y 轴上。
- A/B：表示将 B 通道作为 X 轴扫描信号，将 A 通道信号施加于 Y 轴上。
- Add：表示 X 轴按设置时间进行扫描，Y 轴方向显示 A、B 通道输入信号之和。

③ Channel A 通道设置区：设置 Y 轴方向为 A 通道输入信号。

● Scale：设置 Y 轴方向每格表示的电压值。

● Y position：时间基线在显示屏中上下的起始位置。

● AC：表示屏幕仅显示输入信号的交流分量。

● DC：表示屏幕显示输入信号的交、直流分量。

● 0：表示输入信号对地短接。

④ Channel B 通道设置区：设置 Y 轴方向为 B 通道输入信号，其余与“Channel A 通道”设置相同。

⑤ Trigger 触发区：设置示波器触发方式。

● Edge：设置以输入信号的上升沿或下降沿作为触发信号。

● Level：设置触发电平的大小。

● A、B：选择用 A 通道或 B 通道的输入信号作为同步触发信号。

● Ext：使用示波器图标上外触发端子连接的信号作为触发信号。

● Single：选择单脉冲触发。当触发电平高于所设置的触发电平时，示波器只触发一次。

● Normal：选择一般脉冲触发。只要触发电平高于所设置的触发电平时，示波器就触发。

● Auto：自动触发。一般情况下使用该方法。

● None：无触发。

⑥ Reverse：改变波形显示区背景的颜色（黑或白）。

⑦ Save：保存仿真数据。

C.2.5　波特图仪(Bode Plotter)

波特图仪用来测量和显示一个电路或系统的幅频特性和相频特性，类似于实验室的频率特性测试仪。其图标和面板如图 C-22 所示。

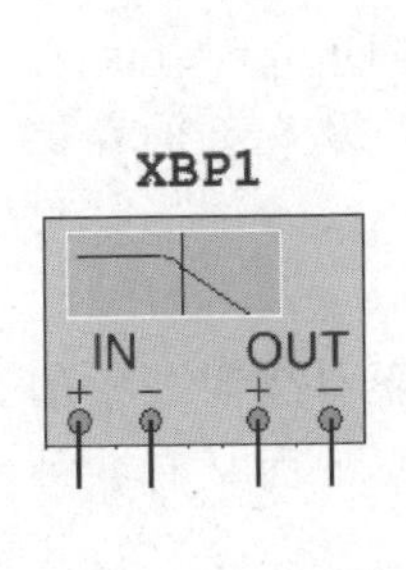

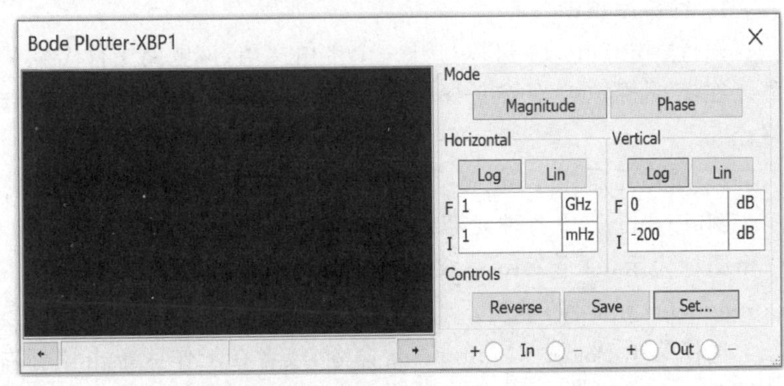

图 C-22　波特图仪的图标和面板

1. 波特图仪的连接

其图标包括4个接线端：左边两个输入端子(IN)，其“+”与电路的输入端的正端子连接；右边两个是输出端子(OUT)，其“+”与电路输出端的正端子连接。将输入和输出端子的“-”一并接地。由于波特图仪本身没有信号源，所以在使用波特图仪时，必须在电路的输入端示意性地接入一个交流信号源(或函数发生器)，且无须对其参数进行设置。

2. 面板简介

① Mode区：选择幅频、相频特性曲线。

- Magnitude(幅频)：选择幅频特性曲线。
- Phase(相频)：选择相频特性曲线。

② Horizontal区/Vertical区：设定X轴(频率)显示类型和频率范围/Y轴(幅度)范围。

- Log(对数)：对数坐标。
- Lin(线性)：线性坐标。
- F(Finish终止值)：坐标的终止值。
- I(Initial初始值)：坐标的起始值。

当测量信号的频率范围较宽时，用Log标尺比较好。

③ Controls区：

- Reverse：设置背景颜色，在黑或白之间切换。
- Save：测量以BOD格式保存。
- Set：设置扫描分辨率。选择的数值越大，读数精度越高，而运行时间也会增加。

C.3 基本操作

1. 创建原理图

运行Multisim 14可以打开一个空白文档，该电路文件名默认为Design1.ms14。可以在菜单栏中选择File→Save as命令来设定文件名(*.ms14)及文件的存储路径。

2. 放置元器件

Multisim 14中各种元器件都被逻辑分组，每个组(Group)用元器件工具栏中的一个图标表示，每个Group又分为若干Family(系列)，每个Family下面又有各种Component(元器件)类型。

选择菜单Place→Component命令，或者在工作区单击鼠标右键，在快捷菜单中选择Place→Component命令，都会弹出Select a Component对话框，如图C-23所示。

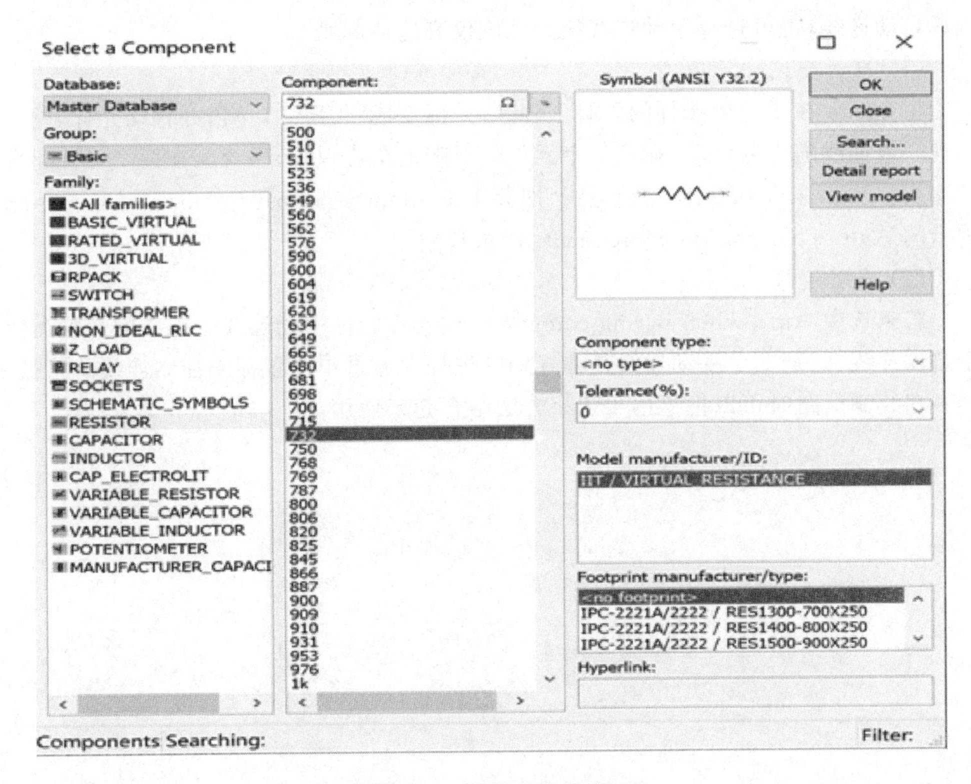

图 C-23　元器件浏览窗口

先在 Group 下拉菜单中选取需要的组，再在 Family 列表框中选择需要的系列，最后在 Component 列表框中选择需要的元件。双击元件或单击 OK 按钮，被选中的元件会随光标移动，将元件拖到工作区相应位置后单击鼠标，此元件便被放到电路中。

3. 元器件的编辑

元器件的复制、删除、旋转和改变颜色等操作可以通过在元件上右击，然后在弹出的快捷菜单中选择相应的菜单命令来完成。也可以用以下快捷方式来实现对元件的编辑。

- 元件的删除：单击鼠标选中元件，按键盘上的 Delete 键。
- 元件的移动：用鼠标拖动或选中元件后按键盘的箭头键。
- 元件的复制：选中元件，按 Ctrl 键，同时拖动鼠标。
- 元件顺时针 90°旋转：选中元件后，按 Ctrl+R 组合键。
- 元件逆时针 90°旋转：选中元件后，按 Ctrl+Shift+R 组合键。
- 元件属性的设置：双击元件，打开其“属性”对话框进行参数设置。

4. 连　线

元器件放置好以后，需要用线把它们连接起来。所有的元器件都有引脚，既可以选择自动连线,也可选择手动连线把元件或仪表连接起来。

(1) 自动连线

将光标放在第一个元件的引脚上(此时光标变成"+"形),单击并移动光标,就会出现一根连线随光标移动,在第二个元件的引脚上单击鼠标,系统会在两个元件间自动连线。Multisim 14 默认自动连线,即菜单 Options→Global Options→General 选项卡的 Auto when wiring components 已被选中。

(2) 手动连线

若未选中 Auto when wiring components,元件间需手动连线。连线的步骤类似于自动连线,区别在于手动连线是在连线的过程中通过单击鼠标来控制连线的路径。

在绘制电路时可以把这两种连接方法结合起来使用。

参考文献

[1] 马鑫金.电工仪表与电路实验技术[M].北京:机械工业出版社,2007.

[2] 张峰,吴玉梅,等.电路实验教程[M].北京:高等教育出版社,2008.

[3] 朱承高,吴玉梅,等.电工及电子实验[M].北京:高等教育出版社,2010.

[4] 宋卫菊.电工技术实验指导书[M].南京:东南大学出版社,2016.

[5] 王萍,林孔元.电工学实验教程[M].北京:高等教育出版社,2006.